[普通高等院校 电子信息系列教材]

夏若安 主编
谭周文 副主编

电工电子实训教程

清华大学出版社
北京

内 容 简 介

本书主要以提高学生实践动手操作能力为目的,通俗易懂,既有理论阐述,又有实例操作。首先介绍必备的电工电子基础知识;然后通过一定的实训项目,让学生在实践中思考,在思考中实践,达到理论与实践融会贯通。

全书分为电工实训和电子实训两部分:电工实训部分主要包括安全用电、常用电气元件识别使用、常用电工仪表工具的使用、电工布线,以及电工综合实训;电子实训部分主要包括常用电子元器件识别检测、常用电子仪器仪表的使用、焊接技术,以及电子综合实训。本书注重对学生电工电子线路实践能力的培养和提高,突出实践性、实用性、设计性和创新性,让学生在充分理解实际电路原理的基础上,具有把原理电路转换为实际电路、线路检测和故障排除等能力。

本书可作为普通高等院校电子信息类专业和其他理工科专业本科生的电工电子实训教材,也可作为维修电工考证或从事电工电子技术相关人员的培训资料。

版权所有,侵权必究。举报:010-62782989,beiqinquan@tup.tsinghua.edu.cn。

图书在版编目(CIP)数据

电工电子实训教程 / 夏若安主编. -- 北京:清华大学出版社,2024.8. -- (普通高等院校电子信息系列教材). -- ISBN 978-7-302-66896-1

Ⅰ. TM;TN

中国国家版本馆 CIP 数据核字第 20240JQ184 号

责任编辑:白立军 杨 帆
封面设计:常雪影
责任校对:申晓焕
责任印制:丛怀宇

出版发行:清华大学出版社
    网　　址:https://www.tup.com.cn,https://www.wqxuetang.com
    地　　址:北京清华大学学研大厦 A 座　　　　邮　　编:100084
    社 总 机:010-83470000　　　　　　　　　邮　　购:010-62786544
    投稿与读者服务:010-62776969,c-service@tup.tsinghua.edu.cn
    质量反馈:010-62772015,zhiliang@tup.tsinghua.edu.cn
    课件下载:https://www.tup.com.cn,010-83470236
印 装 者:三河市天利华印刷装订有限公司
经　　销:全国新华书店
开　　本:185mm×260mm　　　印　　张:9　　　字　　数:211 千字
版　　次:2024 年 8 月第 1 版　　　　　　　　　　印　　次:2024 年 8 月第 1 次印刷
定　　价:39.00 元

产品编号:107357-01

前言

Foreword

电工电子是现代科技领域的重要组成部分，其广泛应用于各个领域，对人们的生活和工作有着深远的影响。提高在校大学生电工电子实践技能和动手能力势在必行，许多高校因此成立了工程实训中心，大力开展电工电子实训课程教学，着力培育大工匠。在这样的背景下，编写一本合适的电工电子实训教程很有必要。

本教材通俗易懂，强调理论指导实践。每个实训项目都有原理电路的详细描述，旨在引导学生在掌握原理的基础上进行实践操作，让理论与实践融会贯通。全书分为电工实训和电子实训两部分：电工实训部分首先介绍了必要的电工基础知识，包括安全用电、常用电气元件识别使用、常用电工仪表工具的使用、电工布线等，然后就照明及电气控制电路方面举例进行实训；电子实训部分首先介绍了常用电子元器件识别检测、常用电子仪器仪表的使用、焊接技术等，然后介绍电子电路的设计制作等，让学生具备分析和解决生产生活中一般电子问题的能力，同时培养学生的设计和创新能力。

本书得到校级项目"工程训练课程体系建设与实践"的资助，由湖南第一师范学院电子信息学院夏若安担任主编，谭周文担任副主编。其中，夏若安编写第一部分电工实训（第1～5章）；谭周文编写第二部分电子实训（第6～9章）。在教材编写过程中，夏若安作为主编全程参与了以上各章的修改，并负责统稿工作。在本书提纲审定、资料收集与实际编写过程中还得到了工程实训中心汤希玮老师的支持与帮助，他提出了许多宝贵意见，谨在此致以衷心感谢！

由于编者水平有限，加上时间仓促，不妥甚至错误之处在所难免，敬请读者批评指正。

编　者

2024年4月

目录

第一部分 电工实训

第1章 安全用电 ……………………………………………………… 3
1.1 供电系统概述 …………………………………………………… 3
  1.1.1 三相四线制供电 …………………………………………… 3
  1.1.2 单相供电 …………………………………………………… 4
  1.1.3 电工安全操作一般规定 …………………………………… 4
1.2 安全用电概述 …………………………………………………… 5
  1.2.1 触电概念 …………………………………………………… 5
  1.2.2 触电的类型 ………………………………………………… 7
  1.2.3 预防触电的措施 …………………………………………… 8
  1.2.4 触电急救 …………………………………………………… 9

第2章 常用电气元件识别使用 …………………………………… 12
2.1 空气开关 ………………………………………………………… 12
  2.1.1 空气开关组成与结构 ……………………………………… 12
  2.1.2 空气开关型号及接线方式 ………………………………… 13
2.2 交流接触器 ……………………………………………………… 14
  2.2.1 交流接触器组成与结构 …………………………………… 14
  2.2.2 交流接触器功能分布及接线方式 ………………………… 16
2.3 按钮 ……………………………………………………………… 17
2.4 熔断器 …………………………………………………………… 18
2.5 热继电器 ………………………………………………………… 18
  2.5.1 热继电器组成与结构 ……………………………………… 18
  2.5.2 热继电器功能及接线方式 ………………………………… 19
2.6 电动机 …………………………………………………………… 21
  2.6.1 单相电动机 ………………………………………………… 21
  2.6.2 三相异步电动机 …………………………………………… 21

第 3 章 常用电工仪表工具的使用 ·········· 24
3.1 常用电工仪表 ·········· 24
3.1.1 万用表 ·········· 24
3.1.2 兆欧表 ·········· 27
3.1.3 电度表 ·········· 29
3.2 常用电工工具 ·········· 33
3.2.1 电工刀 ·········· 34
3.2.2 剥线钳 ·········· 34
3.2.3 钢丝钳 ·········· 35
3.2.4 尖嘴钳 ·········· 36
3.2.5 偏口钳 ·········· 36
3.2.6 测电笔 ·········· 36
3.2.7 螺丝刀 ·········· 38

第 4 章 电工布线 ·········· 40
4.1 电工布线原则与规范 ·········· 40
4.1.1 电工布线（明配线）原则 ·········· 40
4.1.2 电工布线（明配线）规范 ·········· 40
4.2 电线操作技能 ·········· 41
4.2.1 电线概述 ·········· 41
4.2.2 电线连接 ·········· 42

第 5 章 电工综合实训 ·········· 49
5.1 电工实训安全用电规则及注意事项 ·········· 49
5.2 电工实训平台简介 ·········· 49
5.3 照明及电气控制实训 ·········· 50
5.3.1 白炽灯照明电路 ·········· 50
5.3.2 荧光灯照明电路 ·········· 52
5.3.3 感应开关、触摸开关控制照明电路 ·········· 54
5.3.4 单相电动机电容起动控制电路 ·········· 55
5.3.5 三相电动机点动控制电路 ·········· 56
5.3.6 三相异步电动机自锁控制电路 ·········· 58
5.3.7 按钮联锁的三相异步电动机正反转控制电路 ·········· 60
5.3.8 接触器联锁的三相异步电动机正反转控制电路 ·········· 61
5.3.9 双重联锁的三相异步电动机正反转控制电路 ·········· 63

第二部分 电子实训

第6章 常用电子元器件识别检测 …………………………………………………… 67
6.1 电阻 …………………………………………………………………………… 67
6.1.1 电阻定义 ……………………………………………………………… 67
6.1.2 电阻标法 ……………………………………………………………… 67
6.1.3 色环电阻识别技巧 …………………………………………………… 68
6.2 电容 …………………………………………………………………………… 69
6.2.1 电容简介 ……………………………………………………………… 69
6.2.2 电容标法 ……………………………………………………………… 69
6.2.3 电容分类 ……………………………………………………………… 70
6.2.4 电容功能 ……………………………………………………………… 70
6.3 电感 …………………………………………………………………………… 71
6.3.1 电感简介 ……………………………………………………………… 71
6.3.2 电感标法 ……………………………………………………………… 71
6.3.3 电感的应用 …………………………………………………………… 72
6.4 半导体二极管 ………………………………………………………………… 72
6.4.1 二极管简介 …………………………………………………………… 72
6.4.2 二极管特性 …………………………………………………………… 73
6.4.3 二极管识别方法 ……………………………………………………… 73
6.5 半导体三极管 ………………………………………………………………… 74
6.5.1 三极管简介 …………………………………………………………… 74
6.5.2 三极管特性 …………………………………………………………… 75
6.5.3 三极管极性检测 ……………………………………………………… 76
6.5.4 分压式偏置放大电路 ………………………………………………… 77
6.6 集成电路 ……………………………………………………………………… 78
6.6.1 集成电路分类 ………………………………………………………… 79
6.6.2 集成电路发展历程 …………………………………………………… 79
6.6.3 运算放大器 …………………………………………………………… 79

第7章 常用电子仪器仪表的使用 ………………………………………………… 83
7.1 台式万用表 …………………………………………………………………… 83
7.1.1 万用表简介 …………………………………………………………… 83
7.1.2 台式万用表概述 ……………………………………………………… 83
7.1.3 台式万用表的操作 …………………………………………………… 84
7.1.4 台式万用表使用注意事项 …………………………………………… 85
7.2 函数信号发生器 ……………………………………………………………… 85
7.2.1 函数信号发生器简介 ………………………………………………… 85

  7.2.2 SDG2000X 函数信号发生器 ·············· 85
  7.2.3 函数信号发生器操作 ·············· 86
 7.3 数字示波器 ·············· 91
  7.3.1 示波器简介 ·············· 91
  7.3.2 SDS1000X 示波器 ·············· 91
  7.3.3 示波器操作 ·············· 96
 7.4 直流稳压电源 ·············· 98
  7.4.1 直流稳压电源简介 ·············· 98
  7.4.2 SPD3303X 直流稳压电源 ·············· 99
  7.4.3 使用注意事项 ·············· 101
 7.5 交流毫伏表 ·············· 101
  7.5.1 交流毫伏表简介 ·············· 101
  7.5.2 交流毫伏表操作 ·············· 101

第 8 章　焊接技术 ·············· 106
 8.1 电烙铁 ·············· 106
  8.1.1 电烙铁简介 ·············· 106
  8.1.2 电烙铁选用 ·············· 106
  8.1.3 电烙铁使用 ·············· 107
  8.1.4 电烙铁保养 ·············· 107
 8.2 焊料和焊剂 ·············· 108
  8.2.1 焊料 ·············· 108
  8.2.2 焊剂 ·············· 108
 8.3 辅助工具 ·············· 109
 8.4 印制电路板焊接工艺 ·············· 110
  8.4.1 焊前准备 ·············· 110
  8.4.2 焊接顺序 ·············· 110
  8.4.3 对元器件焊接要求 ·············· 110
  8.4.4 焊接步骤 ·············· 111

第 9 章　电子综合实训 ·············· 113
 9.1 电子仪器的测量和使用 ·············· 113
 9.2 常用元器件的识别与检测 ·············· 114
 9.3 电路焊接 ·············· 117
 9.4 共射极放大电路设计 ·············· 120
 9.5 集成运算电路应用 ·············· 124
 9.6 电压比较器 ·············· 126
 9.7 集成稳压器实验 ·············· 129

    9.7.1 实验目的 …………………………………………………………… 129
    9.7.2 实验设备与器件 …………………………………………………… 129
    9.7.3 实验原理 …………………………………………………………… 130
    9.7.4 实验内容 …………………………………………………………… 131
    9.7.5 实验总结 …………………………………………………………… 132
  9.8 智力竞赛抢答装置实验 ……………………………………………………… 132
    9.8.1 实验目的 …………………………………………………………… 132
    9.8.2 实验设备与器件 …………………………………………………… 132
    9.8.3 实验原理 …………………………………………………………… 132
    9.8.4 实验内容 …………………………………………………………… 132
    9.8.5 实验总结 …………………………………………………………… 133

参考文献 ……………………………………………………………………………… 134

第一部分 电工实训

"工欲善其事,必先利其器",只有掌握相应的电工理论知识,才能顺利将原理电路转换为实际电路,完成实训。本部分第一阶段首先介绍电工方面的相关知识,包括低压配电网的输电方式,安全用电,常用电气元件(如热继电器、交流接触器等)的结构、工作原理和使用方法等;然后介绍常用电工仪表工具的使用以及布线规范等。第二阶段就照明及电气控制电路方面举例进行实训,让学生在实践中学会观察分析并解决电路中出现的故障,提高实践动手操作能力。

第1章

安 全 用 电

1.1 供电系统概述

供电系统是指由电源系统和输配电系统组成的,产生电能并供应和输送给用电设备的系统。三相四线制是一种常用的输电线路配置方式。

1.1.1 三相四线制供电

三相电是由三个频率相同、振幅相等、相位依次相差120°的交流电路组成的电力系统。它具有传输效率高、功率大、电压稳定等优点。在低压配电网中,输电线路一般采用三相四线制。其中,三条线路分别代表A、B、C三相,另一条线路是中性线N。当三相平衡时,中性线(零线)是无电流的,故称三相四线制,如图1-1所示。三相四线制低压架空输电实际线路如图1-2所示,常用于家庭和工业用电,可以提供更高的电压和更大的电流。

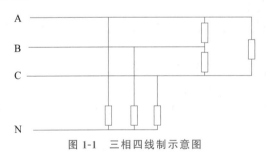

图1-1 三相四线制示意图

图1-2 三相四线制低压架空输电实际线路

我国三相电各相线之间的电压称为线电压(380V),可以提供三相380V的电压;任一相线与零线之间的电压称为相电压,能提供220V的电压。线电压与相电压之间的关系:线电压=$\sqrt{3}$×相电压。

在国家标准中,三相电线的颜色分别为黄、绿、红。其中,黄色代表A相,绿色代表B相,红色代表C相。此外,蓝色代表零线(N),黄绿双色代表接地线(PE)。

1.1.2 单相供电

单相供电是指一根相线 L(俗称火线)和一根零线 N 构成的输电形式,如图 1-3 所示。必要时有第三根线(地线),用来防止触电。相线与零线之间的电压差是 220V,因此可以提供单相 220V 的电压,零线正常情况下要通过电流,以构成单相线路中电流的回路。

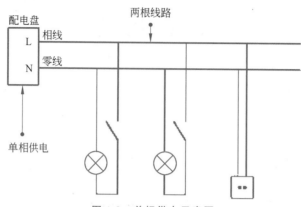

图 1-3 单相供电示意图

单相交流电在现代电力系统中发挥着不可替代的作用,具有应用广泛、稳定、高效节能、易于维护、扩展灵活及安全可靠等优势,是支撑现代社会运转的重要基础设施。无论家庭用电还是工业用电,单相交流电都占据了主导地位,例如,几乎所有住宅用电都是单相交流电,家用电器(如灯、风扇、冷却器、加热器、小型空调等)都需要单相交流电来运行。

1.1.3 电工安全操作一般规定

电工安全操作一般规定如下。

(1) 电气操作人员作业时要思想集中,电气线路在未经测电笔确定无电前,应一律视为有电,不可用手触摸,不可绝对相信绝缘体。

(2) 工作前应详细检查所用工具是否安全可靠,穿戴好必需的防护用品,以防工作时发生意外。

(3) 维修线路要采取必要的措施,在开关手把上或线路上悬挂"有人工作、禁止合闸"的警告牌,防止他人中途送电。

(4) 使用测电笔时要注意测试电压范围,禁止超范围使用,电工人员一般使用的测电笔只允许在 500V 以下电压使用。

(5) 工作中所有拆除的电线要处理好,带电线头包好,以防发生触电。

(6) 所用导线及熔断器容量大小必须符合规定标准,选择开关时必须大于所控制设备的总容量。

(7) 工作完毕后,必须拆除临时地线、警告牌,清理所有材料、工具、仪表等,原有防护装置随时安装好。

(8) 检查、维修工作完成后,送电前操作人员必须认真检查,看是否符合要求并和有关人员联系好,方能送电。

(9) 发生火警时,应立即切断电源,用四氯化碳(CCL_4)粉质灭火器或黄沙扑救,严禁用水扑救。

(10) 在电动机运转过程中,严禁进行电动机及起动设备的修理工作,以确保安全。此外,在进行低压电气设备的安装或修理时必须先切断电源,从而有效防止电流通过设备可能带来的风险。

(11) 进行修理工作时,拆下电动机与电路的接线头、灯座、插座等所有线头,均应用绝缘胶布仔细包好。

(12) 各种电气设备所需的熔断器必须按照规定容量安装,严禁用铜丝或过大容量导体代替,如果熔断器熔断必须查明原因,及时排除故障。

1.2 安全用电概述

安全用电是研究如何预防用电事故及保障人身和设备安全的一门知识,如何预防触电是从事电气工作者必须时刻牢记的问题。

1.2.1 触电概念

触电是指电流流过人体时对身体产生的生理和病理的伤害,一般分为电击和电伤两种。电击是由于电流通过人体时造成的内部器官在生理上的反应和病变,如刺痛、昏迷、心室停跳、呼吸困难或停止等;电伤是由于电流通过人体时造成的外伤,如电灼伤、电烙印、皮肤金属化等。

1. 电流对人体的生物效应

电流对人体会产生热效应、化学效应及刺激作用等生物效应。

(1) 热效应:人体是一个复杂的导体,当电流通过人体时会产生一定的热量。热量较小时,仅使局部组织温度轻度升高,对人体健康无妨。但热量较大时,可使人体温度急剧升高,甚至损伤人体组织,引起死亡。

(2) 化学效应:电流通过人体时,体内会发生电解、电泳和电渗等作用,其结果会产生酸、碱等多种电解产物,影响蛋白质代谢、细胞通透性等,明显影响人体功能和反应性。严重时,还能损伤人体组织,危及人体生命。

(3) 刺激作用:现代医学揭示,生物体的肌肉运动经常伴随着电气现象,当电流通过神经纤维刺激到肌肉时,肌肉便会收缩。触电时,通过人体的电流和通电持续时间超过某一限值时,心脏正常搏动的电信号便受到干扰而被打乱,心脏便不能再进行强有力的收缩而出现心肌振动,即心室纤维性颤动。心脏失去功能后,对人体各部分的供血中断,细胞将因缺氧而开始麻痹。在触电事故中,多数致命案例是由于心室纤维性颤动的发生,这种颤动导致心跳停止,最终酿成悲剧。

2. 安全电流

为了确保人身安全,一般以触电后人体未产生有害的生物效应作为安全的基础。因此,通过人体一般无有害生物效应的电流称为安全电流。安全电流又可分为允许安全电流和持续安全电流两种,当人发生触电,通过人体的电流不大于摆脱电流称为允许安全电流。根据国家标准确定,50～60Hz交流电允许的安全电流为10mA,对于矿井作业允许的安全电流为6mA,直流电的人体安全电流为50mA。当人发生触电时,通过人体的电流与相应的持续通电时间对应的电流称为持续安全电流。交流持续安全电流与持续通电时间关系为

$$I_{ac} = 10 + 10/t$$

式中,I_{ac}为交流持续安全电流,mA;t为持续通电时间,$0.03 \leqslant t \leqslant 10s$。

人体允许安全电流是人体遭受电击后在可能延续的时间内不致危及生命的电流。一般情况下,人体允许安全电流可按摆脱电流考虑;对装有防触电的漏电速断保护装置电路中,人体的允许安全电流可按20～30mA设定,其漏电保护的时间一般不宜设定超过1s;在容易发生二次伤害事故的场所,应按不致引起人体生理有强烈感觉和反应的允许电流设定,一般按5mA考虑。

3. 安全电压

对人体无致残、致命的电压称为安全电压。安全电压取决于人体允许的安全电流和人体阻抗,它是制定安全措施的依据之一。对频率为50～500Hz的交流电,安全电压的额定值分为42V、36V、24V、12V和6V等五个等级。安全电压等级及选用举例见表1-1。

表1-1 安全电压等级及选用举例

安全电压交流有效值/V		选用举例
额定值	空载上限值	
42	50	在有触电危险的场所使用的手持式电动工具等
36	43	潮湿场所,如矿井、多导电粉尘及类似场所等
24	29	工作面积狭窄,操作者容易大面积接触带电体的场所,如在锅炉、金属容器内等
12	15	人体需要长期触及器具上带电体的场所
6	8	

在正常和故障情况下,任何两根导线之间或任一导线与地之间均不得超过表1-1电压上限值。某些重负荷的电气设备,对表1-1列出的额定值虽然符合规定,但空载时电压却很高,若空载电压超过规定上限值,仍不能认为符合这级安全电压。

4. 电流对人体伤害程度的影响因素

触电电流对人体伤害程度主要取决于通过人体的电流大小、电流通过人体的持续时间、电流通过人体的途径及电流的频率等因素。

1) 通过人体的电流大小

一般通过人体的电流越大,人体的生理反应越明显、越强烈,生命的危险性就越大。施加于人体的电压越高,人体电阻越小,通过人体的电流越大,危险性越大。人体电阻与皮肤干燥、完整、接触电极的面积有关。一般人体电阻可按1000～2000Ω考虑,而潮湿条

件下的人体电阻约为干燥条件下的 1/2。

2) 电流通过人体的持续时间

触电时间越长,电击伤害程度越严重,触电时间短于一个心脏周期时(人的心脏周期约为 75ms),一般不会有生命危险。

3) 电流通过人体的途径

电流通过人体脑部、心脏、肺部途径的危险性最大,电流流经心脏会引起心室颤动而致死,较大电流会使心脏立刻停止跳动。在电流途径中,从左手至胸部的通路最危险。

4) 电流的频率

人体对不同频率电流的生理敏感性不同,50Hz 交流电对人体伤害最严重,直流电流对人体伤害较轻,高频电流对人体伤害程度远不及 50Hz 交流电严重。

1.2.2 触电的类型

触电有单相触电、两相触电、跨步电压触电以及漏电触电 4 种方式。

1. 单相触电

单相触电是生活中发生最频繁的一种触电方式,是由单相 220V 交流电(民用电)引起的。

当人体直接碰触带电设备其中的一相时,电流通过人体流入大地,形成回路,引起单相触电,如图 1-4 所示,回路产生的电流和人体的阻值有关,人体阻值越小,电流越大;像这类的触电,如果脚上穿的鞋子绝缘性好,那么危险性会大大降低。绝缘性好的鞋可以将人体对地绝缘,防止电流通过人体形成回路,人体不会成为电流的载体,确保使用者的安全。

对于高压带电体,人体虽未直接接触,但由于超过了安全距离,高电压对人体放电,造成单相接地而引起触电,也属于单相触电。

如图 1-5 所示,当人体同时触摸到相线和火线时,也会引起单相触电。这种触电方式比较危险,相线和火线经过人体形成导电回路,人体充当一个负载,回路当中产生的电流作用在人体,导致人体触电,这样的触电情况不容易逃脱,危险系数很大。

图 1-4 单相触电方式(一)

图 1-5 单相触电方式(二)

低压电网通常采用变压器低压侧中性点直接接地和中性点不直接接地(通过保护间隙接地)的接线方式,这两种接线方式都能发生单相触电。

2. 两相触电

人体同时接触带电设备或线路中的两相导体；或在高压系统中，人体同时接近不同相的两相带电导体，而发生电弧放电，电流从一相导体通过人体流入另一相导体，构成一个闭合回路，这种触电方式称为两相触电，如图1-6所示。发生两相触电时，作用于人体上的电压等于线电压(380V)，电流通过上肢和心脏，这种触电是最危险的。同时，人体触电部位的皮肤会触电灼伤，也会使皮肤表面金属化。

3. 跨步电压触电

当电气设备发生接地故障或高压电线发生掉落时，接地电流通过接地体向大地流散，在地面上形成电位分布，按定义，地面水平距离为0.8m的两点间的分布电位之差称为跨步电压。若人在接地短路点周围行走，容易形成跨步电压，造成跨步电压触电，如图1-7所示。

由跨步电压引起人体触电时，电流从人体两下肢间与大地构成回路，基本不通过重要器官，按理说危险性不大，但实际并非如此。因为通过下肢的触电电流，给人感觉仍很明显，使人突然受此刺激，惊吓过度致死；另外，当跨步电压较高、触电电流较大时，致使下肢肌肉强烈收缩，身体重心不稳，跌倒，造成电流可能通过人体要害器官而导致身亡。

4. 漏电触电

电气设备外壳因导线绝缘破坏而漏电，人体接触设备外壳也会触电（电源与设备外壳、人体、分布电容构成回路），如图1-8所示。

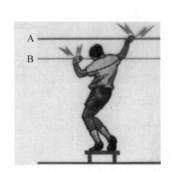
图1-6 两相触电

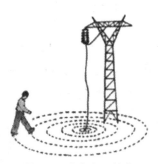
图1-7 跨步电压触电

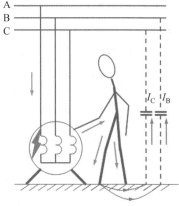
图1-8 漏电触电

1.2.3 预防触电的措施

预防触电的主要措施有接地保护、漏电保护、绝缘防护、屏护、安全标志、不接地的局部等电位连接、设置障碍等。

（1）接地保护：电气设备发生一相对外壳漏电时，接地保护能降低漏电设备外壳上的接触电压，这是预防间接触电的一个重要措施。但实践表明，在多数情况下，接触电压不可能降至安全电压。因此，接地保护在保护人身安全方面有局限性，必须与漏电保护相互配合。

(2) 漏电保护：当低压电气系统发生一相对地漏电或人身一相对地触电时，漏电保护装置能快速（通常为 0.1s）切断电源，从而有效防止人身间接或直接触电，同时，漏电保护也可预防由漏电引起的电气火灾。

(3) 绝缘防护：绝缘防护是用绝缘材料把带电体封闭起来，借以隔离带电体或不同电位的导体，使电流不能按一定的路径流通。电气线路与电气设备的绝缘，以及众多的绝缘安全用具，必须与所采用的电压等级、使用环境和运用条件相适应，并且应定期对它们做预防性试验和检测，使其绝缘保持合格状态。

(4) 屏护：当电气设备与电气线路的带电部分由于某种原因不便于绝缘或绝缘不足以保证安全时，就需采用屏护装置。常用的屏护装置有安全遮拦、护罩、护盖、箱盒等。屏护装置可将带电体与外界隔绝，以防止人体触及或过分接近带电体而引起触电、电弧短路或电弧灼人。

(5) 安全标志：悬挂各种安全标示牌，是限定电气检修人员活动范围和警示人们不要靠近带电设备以防直接触电的重要措施。

(6) 不接地的局部等电位连接：将人体能触及的所有电气设备的金属外壳和操作场所内所有非电气设备组成的可导电部分，包括导电的地板，互相连接在一起，以防止这些金属件间出现电位差。等电位连接系统不可与大地发生直接的电气接触，具有隔离功能。等电位连接范围应不小于可能触及带电体的范围。

当人员进入等电位连接场所，要注意防止人体的两脚或手和脚跨接于存在有危险电位差的导体之间，可以在等电位连接场所出入口内外铺设绝缘胶垫。

(7) 设置障碍：设置栅栏、围栏等障碍（阻挡物），可防止无意触及或接近带电体而发生触电。这一措施可以保护少年儿童、家畜的安全，对成年人仅起警示作用，不能防止有意绕过障碍去触及带电体的行为。

1.2.4　触电急救

1. 脱离电源

触电急救必须分秒必争，首先使触电者迅速脱离电源，越快越好。立即将刀开关拉开，将插头拔掉，或用干木棍等绝缘物将电线挑开，使触电者及时脱离电源，如图 1-9 所示。触电者未脱离电源前身上有电，若是带电物在触电者手中，则由于刺激作用会抓得特别紧。因此，抢救者此时只能用绝缘物裹好手后才能触及触电者，而且最好用一只手进行，尽量在脱离电源后再松开触电者的手。触电者位于高处时，应采取必要的预防措施，以防脱离电源后摔伤。若切断电源后失去照明，无法抢救，则应派人准备备用光源。

2. 人工呼吸

将脱离电源后的伤员迅速移至通风干燥处，使其仰卧，并将上衣扣与裤带放松，排除妨碍呼吸的因素，妥善安置触电伤员。

触电伤员的呼吸和心跳均已停止时，应立即按心肺复苏法支持生命的三项基本措施，正确进行就地抢救。三项基本措施：通畅气道、口对口（鼻）人工呼吸、胸外按压（人工循环）。

图 1-9 触电急救(脱离电源)

1) 通畅气道

触电伤员呼吸停止,重要的是应始终确保气道通畅,如发现伤员口中有异物,可将其身体及头部同时侧转,并迅速用一根手指或两根手指交叉从口角处插入,取出异物。操作中注意防止将异物推到咽喉深部。通畅气道可采用如图 1-10 所示的仰头抬颏法。救护人员用一只手放在触电伤员前额,另一只手将其下颌骨向上抬起,两只手协同将头部推向后仰,舌根随之抬起,气道即可通畅,严禁用枕头或其他物品垫在伤员头下。头部抬高前倾,会加重气道阻塞,且使胸外按压时心脏流向脑部的血流减少甚至消失。

2) 口对口(鼻)人工呼吸

当伤员有心跳无呼吸时,可用口对口人工呼吸法,在保持伤员气道通畅的同时,救护人员用放在伤员额头上的手捏住伤员的鼻翼,如图 1-11 所示。救护人员深吸气后,与伤员口对口紧合,在不漏气的情况下,先连续大口吹气两次,每次 1~1.5s。如两次吹气后试测颈动脉仍无搏动,可判断心跳已经停止,要立即同时进行胸外按压。

图 1-10 仰头抬颏法　　图 1-11 口对口人工呼吸

除开始时大口吹气两次外,正常口对口人工呼吸的气量成年伤员约 800mL,时间掌控在吹 2s、停 3s,即每分钟操作 12 次左右;对少年儿童吹气量应减少,以免引起胃膨胀甚至肺泡破裂。

触电伤员若牙关咬紧,可口对鼻进行人工呼吸。口对鼻人工呼吸吹气时,要将伤员嘴唇紧闭,防止漏气,在未见明显死亡前,不能放弃抢救。

3) 胸外按压(人工循环)

对有轻微呼吸无心跳者,有节奏地挤压心脏,以一只手根部按于伤员胸骨下二分之一处,即中指尖对准其颈部凹陷的下缘,当胸一手掌,另一只手叠于其上(见图 1-12),有节奏挤压,保持每分钟操作 60~80 次(见图 1-13)。当伤员心跳呼吸全停时,应同时施行口对口(鼻)人工呼吸及胸外按压。

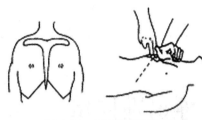
图 1-12　正确的按压位置

图 1-13　按压姿势与用力方法

　　胸外按压以均匀速度进行,每分钟操作 80 次左右,每次按压和放松的时间相等。按压必须有效,其标志是按压过程中可以触及颈动脉搏动。

　　如果伤员的心跳和呼吸经抢救后均已恢复,可暂停心肺复苏操作,但心跳和呼吸恢复的早期仍有再次骤停的可能,故应严密监护,随时准备再次抢救。恢复初期,伤员可能神志不清或精神恍惚、躁动,应设法使伤员安静。

第 2 章

常用电气元件识别使用

2.1 空气开关

空气开关是现代社会生活中比较常见的一种开关装置,又名空气断路器,外形如图 2-1 所示,在电路图中用文字符号 QF 表示。当电路中的电流超过额定电流时,空气开关就会自动断开,保护电路中的用电设备。空气开关除了能完成接触和分断电路外,还能对电路或电气设备发生的短路、严重过载及欠电压等进行保护,同时也可以用于不频繁地起动电动机。

2.1.1 空气开关组成与结构

空气开关由连杆装置、主触头、脱扣器、锁片和释放弹簧等部件组成,其结构及图形符号如图 2-2 所示。

图 2-1 空气开关外形

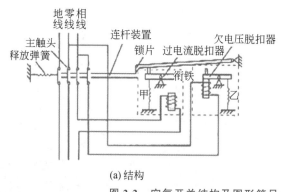

(a) 结构

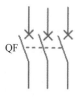

(b) 图形符号

图 2-2 空气开关结构及图形符号

空气开关的脱扣机构是一套连杆装置。当主触头通过操作机构闭合后,就被锁钩锁在合闸的位置。如果电路中发生故障,则有关的脱扣器将产生作用,使脱扣机构中的锁钩脱开,于是主触头在释放弹簧的作用下迅速分断。按照保护作用的不同,脱扣器可以分为过电流脱扣器及欠电压脱扣器等。

在正常情况下,过电流脱扣器的衔铁是释放着的;一旦发生严重过载或短路故障时,与主电路串联的线圈就将产生较强的电磁吸力把衔铁往下吸引而顶开锁钩,使主触头断开。欠电压脱扣器的工作恰恰相反,在电压正常时,电磁吸力吸住衔铁,主触头才得以闭合;一旦电压严重下降或断电时,衔铁就被释放而使主触头断开。当电源电压恢复正常时,必须重新合闸后才能工作,实现了失电压保护。

根据空气开关的极数分为单极(1P)、二极(2P)、三极(3P)和四极(4P)等,如图2-3所示。

1P空气开关只有一个接线端,用于断开一根相线(火线),通常用于控制照明或小功率的电器电路。

2P空气开关有两个接线端,一个接相线,另一个接零线,适用于控制一相一零的电路。

3P空气开关有三个接线端,都接相线,适用于控制三相380V的动力线路。

4P空气开关有四个接线端,三个接相线,一个接零线,适用于控制三相四线制或带零线的380V电器,也可作为总开关。

2.1.2 空气开关型号及接线方式

空气开关型号分为C型和D型,C型用于照明线路,如图2-4所示,D型用于动力线路。目前家庭经常使用的C型DZ系列空气开关常见有以下规格:C16、C25、C32、C40、C60、C80、C100、C120等。其中,C表示脱扣电流,即起跳电流。例如,C32表示起跳电流为32A。一般安装6500W热水器要用C32空气开关,安装7500W、8500W热水器要用C40的空气开关。

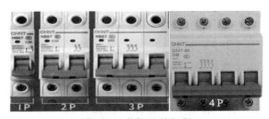

图2-3 空气开关极数

图2-4 C型空气开关

空气开关功能分布及接线方式分别如图 2-5 和图 2-6 所示。

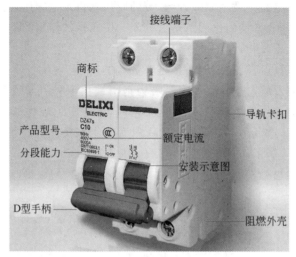

图 2-5 空气开关功能分布

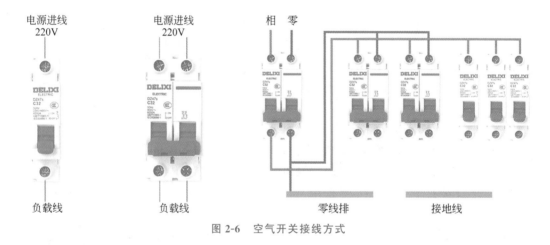

图 2-6 空气开关接线方式

2.2 交流接触器

交流接触器是一种电磁控制的开关电器,用于接通或断开电机及其他设备的主电路,它的控制容量大,适用于频繁操作和远距离控制,是自动控制系统中的重要元器件,在电路图中用文字符号 KM 表示。

2.2.1 交流接触器组成与结构

交流接触器由电磁机构、触头系统、灭弧装置等组成,其外形如图 2-7 所示。

交流接触器内部结构主要有三部分:三组主触头、一组常闭/常开辅助触头和控制线圈,如图 2-8 所示。交流接触器工作原理是利用电磁吸力与弹簧弹力相配合,实现触头的接通和分断,有两种工作状态:得电状态(动作状态)和失电状态(释放状态)。当给控制

图 2-7 交流接触器外形

线圈通电时,线圈产生磁场,磁场通过铁芯吸引衔铁,而衔铁则通过连杆带动所有的动触头动作,与各自的静触头接触,使得主触头闭合,常闭辅助触头断开,常开辅助触头闭合,接触器处于得电状态;当控制线圈断电时,电磁吸力消失,衔铁在复位弹簧作用下释放,使主触头断开,常开辅助触头断开,常闭辅助触头闭合,所有触头随之复位,接触器处于失电状态。交流接触器的主触头允许流过的电流较辅助回路触头大,故主触头通常接在大电流的主电路中,辅助触头接在小电流的控制电路中。

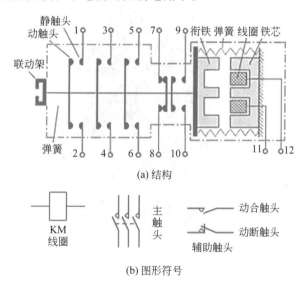

图 2-8 交流接触器内部结构及图形符号

注:1-2、3-4、5-6 端子为三组常开主触头;7-8 为常闭辅助触头;9-10 为常开辅助触头;11-12 为控制线圈。

有些交流接触器带联动架，按下联动架可以使内部触头动作，使常开触头闭合、常闭触头断开，在线圈通电时衔铁会动作，联动架也会随之运动。如果交流接触器内部的辅助触头不够用时，可以在联动架上安装辅助触头组（见图2-9），接触器线圈通电时联动架会带动辅助触头组内部的触头同时动作，触头更多，使用也更灵活。

图2-9　交流接触器辅助触头组及安装

2.2.2　交流接触器功能分布及接线方式

交流接触器功能分布如图2-10所示，接线方式如图2-11所示。

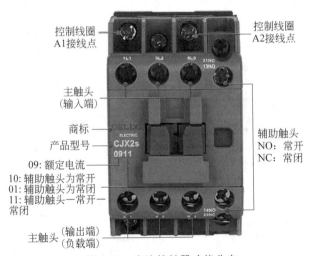

图2-10　交流接触器功能分布

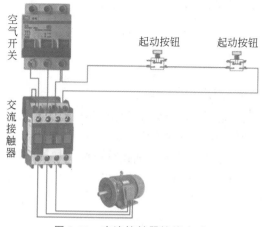

图 2-11 交流接触器接线方式

2.3 按钮

按钮是指利用按钮推动传动机构,使动触头与静触头接通或断开并实现电路换接的开关,是主令电器类中的一种,外形如图 2-12 所示。按钮结构简单,应用十分广泛,在电气自动控制电路中用于手动发出控制信号,以控制接触器、继电器、电磁起动器等,用于接通或断开控制电路,在电路图中用文字符号 SB 表示。

图 2-12 按钮外形

按钮由按钮帽、复位弹簧、动触头、静触头和外壳组成,其触头容量小,一般不超过 5mA,其结构及图形符号如图 2-13 所示。

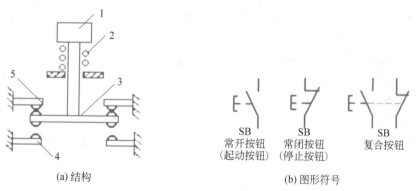

(a) 结构   (b) 图形符号

1—按钮帽;2—复位弹簧;3—动触头;4,5—静触头。

图 2-13 按钮结构及图形符号

一个按钮通常有两对触头,一对常开触头和一对常闭触头,当按下按钮时,两对触头同时动作,常闭触头断开,常开触头闭合。为了标明各个按钮的作用,避免误操作,通常将按钮帽做成不同的颜色以示区别,其颜色有红、绿、黑、黄、蓝、白等。例如,红色表示停止按钮,绿色表示起动按钮或正转,黑色表示反转等。

2.4 熔断器

低压熔断器俗称保险丝,适用于低压交流或直流系统中,是最简便而且最有效的线路和电气设备过载及系统短路保护电器,在电路图中用文字符号 FU 表示。熔断器中的熔丝或熔片用电阻率较高的易熔合金制成。熔断器有瓷插式熔断器、管式熔断器、封闭管式熔断器等。

熔断器由熔体(主要由熔丝组成)、动触头、静触头、瓷座、瓷盖和熔体座等部分组成,具体结构及图形符号如图 2-14 所示。

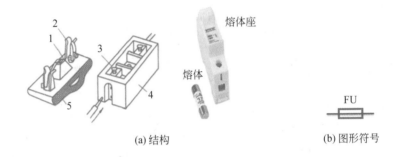

1—熔丝;2—动触头;3—静触头;4—瓷座;5—瓷盖。

图 2-14 熔断器结构及图形符号

熔断器利用金属导体作为熔体串联于电路中,线路正常工作时,熔体不会熔断,当过载或短路电流通过熔体时,因其自身发热而熔断,从而分断电路以保护电路及用电设备不遭损坏。熔断器结构简单,使用方便,作为保护元件广泛应用于电力系统、各种电工设备和家用电器中。

注意:一般照明线路熔体的额定电流不应超过负荷电流的 1.5 倍;动力线路熔体的额定电流不应超过负荷电流的 2.5 倍;熔体熔断后,在更换前应检查熔断原因,并排除故障,然后根据线路及负荷大小和性质更换熔体。

2.5 热继电器

热继电器是依靠负荷电流通过发热元件时产生热量,当负荷电流超过允许值,产生的热量增大到使双金属片弯曲,推动机构动作的一种保护电器。主要用途是电动机或其他电气设备、电气线路的过载保护,在电路图中用文字符号 FR 表示。作为过载保护元件,以其体积小、结构简单、成本低等优点在生产中得到了广泛应用,其外形如图 2-15 所示。

2.5.1 热继电器组成与结构

热继电器由发热元件、双金属片、辅助触头、复位机构与调整机构组成,其结构及图形符号如图 2-16 所示。

第2章 常用电气元件识别使用

图 2-15 热继电器外形

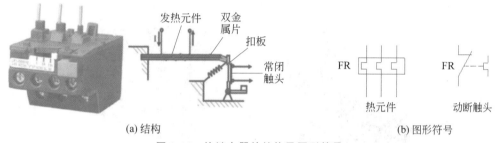

(a) 结构　　　　　　　　　　　　　　(b) 图形符号

图 2-16 热继电器的结构及图形符号

热继电器主要作用是保护电动机,防止电动机过载烧毁,一般配合交流接触器使用。将热继电器发热元件串联在交流异步电动机主电路中,常闭触头串联在控制电路中,电动机过载时电流升高,流过发热元件电流增加,产生热量,若长时间超过热继电器整定电流,双金属片下层膨胀系数大,使其向上弯曲变形,当形变达到一定程度时,扣板被弹簧拉回,常闭触头断开,使控制电路失电,交流接触器主触头分断,电动机停止工作,实现电动机的过载保护。热继电器动作后,双金属片经过一段时间冷却,按下复位按钮即可复位。

2.5.2 热继电器功能及接线方式

热继电器功能分布如图 2-17 所示。

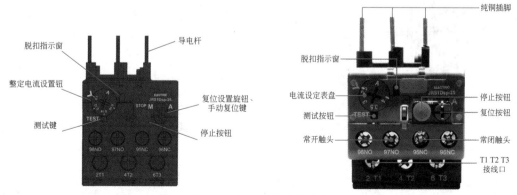

图 2-17 热继电器功能分布

（1）脱扣指示窗：热过载继电器动作后,脱扣指示窗变成橘黄色,表示脱扣。

（2）整定电流设置钮：设置额定电动机的整定电流。

（3）测试键：可以模拟脱扣（使 NO、NC 触头动作）,检查控制电路。

（4）复位设置旋钮、手动复位键：复位设置旋钮方块指向 M,手动复位；方块指向 A,自动复位。热继电器过载动作后,按该键可以实现复位。

（5）停止按钮：使 NC 触头动作,不影响 NO 触头。按下后,断开控制电路,电动机停止工作。

（6）导电杆：可直接插入匹配安装的交流接触器或基座中。

热继电器接线方式可以与基座联合使用接入电路,如图 2-18 所示；也可以直接插入匹配安装的交流接触器接入电路,如图 2-19 所示。

图 2-18　热继电器与基座联合使用接线方式

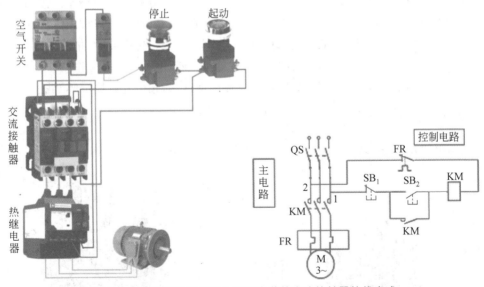

图 2-19　热继电器直接插入匹配安装的交流接触器接线方式

2.6 电动机

电动机是利用通电线圈产生旋转磁场并作用于转子,形成磁电动力旋转扭矩,把电能转换为机械能的一种设备。交流电动机主要有单相电动机和三相异步电动机。

2.6.1 单相电动机

单相电动机一般是指用单相交流电源供电的小功率单相异步电动机,如图 2-20 所示。这种电动机通常在定子上有两相绕组,转子是普通笼型的。两相绕组在定子上的分布及供电情况的不同,可以产生不同的起动特性和运行特性。单相电动机在生产上用量大,这也与人们日常生活密切相关:在生产方面有微型水泵、磨浆机、脱粒机、粉碎机等;在生活方面有电风扇、吹风机、排气扇、洗衣机、电冰箱等。

要使单相电动机能自动旋转,可以在定子中加一个起动绕组,起动绕组与主绕组在空间上相差 90°;同时,起动绕组要串联一个合适的电容,使得与主绕组的电流在相位上近似相差 90°,即分相原理。这样两个在时间上相差 90°的电流进入两个在空间上相差 90°的绕组,将会在空间上产生(两相)旋转磁场;在这个旋转磁场作用下,转子就能自动起动;起动后待转速上升到一定时,借助一个安装在转子上的离心开关或其他自动控制装置将起动绕组断开,正常工作时只有主绕组工作。

图 2-21 为电容分相式单相电动机电路原理接线图。由于电容的移相作用比较明显,在起动绕组中串联适当容量的电容,一般为 20~50μF,可使两个绕组的电流相位差接近于 90°,合成旋转磁场接近于圆形旋转磁场,起动转矩大,起动电流较小。

图 2-20　单相电动机　　　　图 2-21　电容分相式单相电动机电路原理接线图

2.6.2 三相异步电动机

三相电动机是指由三相交流电源供电,利用三相电源所产生的旋转磁场来驱动转子转动的交流电动机。根据不同的工作原理和结构特点,三相电动机可以分为异步电动机、同步电动机等类型。异步电动机是最常用的一种三相电动机,如图 2-22 所示,其结构简单,维护方便,功率密度高,适用于大多数工业应用,如水泵、风扇、空调、压缩机等。

三相异步电动机通常由固定的定子和旋转的转子组成,如图 2-23 所示。定子由各相差 120°电角度三相绕组形成;转子装在定子内腔里,借助轴承被支撑在两个端盖上。

图 2-22　三相异步电动机

当三相交流电经过电动机的定子绕组时,会产生一个旋转磁场,旋转磁场切割转子绕组,在转子绕组中产生感应电流(转子绕组是闭合通路),载流的转子导体在定子旋转磁场作用下产生电磁力,从而在电动机转轴上形成电磁转矩,驱动转子在旋转磁场中旋转,电动机旋转方向与旋转磁场方向相同。当电动机的转子开始旋转时,感应电动势的大小和方向会随着转子的转动而改变,从而产生一个恒定的转矩,使电动机继续旋转。

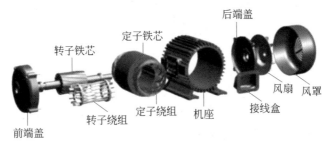

图 2-23 三相异步电动机结构

电动机定子三相绕组的结构是对称的,一般有 6 个出线端,U1 与 U2、V1 与 V2、W1 与 W2 各形成一相绕组,置于机座外侧的接线盒内,根据需要接成星形(Y)或三角形(△)接法,在实际应用电路中,应按照电动机的实际铭牌标示接线。

星形接法(Y 接法):将 3 个绕组的末端连接在一起,形成一个中性点,然后从 3 个绕组的始端引出 3 条线,如图 2-24 所示。这种接法常见于家用电器和小型电动机中。此时,线电压等于相电压的 $\sqrt{3}$ 倍,且线电流等于相电流。

图 2-24 星形接法

三角形接法(△接法):将 3 个绕组的首尾互相连接,形成一个闭合回路,然后从 3 个连接点引出 3 条线,如图 2-25 所示。这种接法常见于大型电动机和高压电路中。此时,线电压等于相电压,且线电流等于相电流的 $\sqrt{3}$ 倍。

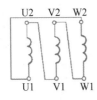  

图 2-25 三角形接法

连接地线:为确保安全,应在电路中的接地端子上连接黄绿色接地线。接地线的另一端应连接到接地极或接地网上。

电动机正反转控制:三相异步电动机的正反转可以通过改变定子中三相绕组的电流

方向来实现。当电动机正转时,定子的 U、V、W 三相绕组按照正向电流的方向通电,这时会在转子中形成一个旋转磁场。如果需要电动机反转,只需要让其中的任意一相绕组反向通电即可。例如,调整定子的 U 相绕组电流方向,让 U 相绕组电流反向流入,另两相电流不变;此时定子中会形成一个方向相反的交变磁场,这样转子上的导体感应电动势的方向也会反向,电动机由此产生相反的转矩,开始反向转动。

具体做法是将电源相序中任意两相对调(也称换相),通常 V 相不变,将 U 相与 W 相对调。为了保证两个接触器动作时能够可靠调换电动机的相序,接线时应使接触器的上口接线保持一致,在接触器的下口调相(见图 2-26)。由于两相相序对调,必须确保不会发生严重的相间短路故障,可以采用联锁控制策略。通常采用按钮联锁(机械)与接触器联锁(电气)的双重联锁正反转控制线路。按钮联锁即使同时按下正反转按钮,调相用的两个接触器也不可能同时得电,机械上避免了相间短路。

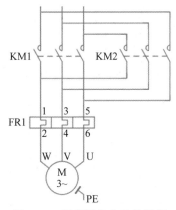

图 2-26 三相异步电动机换相

三相异步电动机出厂时,每台电动机的机座上都固定着一块铭牌,如图 2-27 所示。铭牌上标注了电动机的型号、额定值和额定运行情况下的有关技术数据。电动机必须按铭牌上所规定的额定值和工作条件运行(额定运行);尤其在接入电路时,一定依照铭牌上标示的接法连接线路。

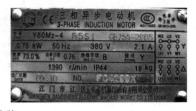

图 2-27 三相异步电动机铭牌

三相异步电动机具有功率大、效率高、运转平稳、适应性强等特点,在工业、交通、农业等领域得到广泛应用。

第 3 章

常用电工仪表工具的使用

电工仪表与电工工具是电气操作人员必备的基本仪表与工具,其质量的好坏及使用正确与否都将影响施工质量与工作效率,影响电工仪表与电工工具的使用寿命和操作人员的安全。因此,电气工程人员必须了解常用电工仪表工具的结构、性能及正确的使用方法。

3.1 常用电工仪表

3.1.1 万用表

万用表是一种可以进行多种测量的仪表,可以测量电压、电流、电阻,也可以测量电容、电感及粗测二极管、三极管的好坏,是电气工程人员的必备工具之一。万用表分为指针式和数字式两种,分别如图 3-1 和图 3-2 所示,它们都属于便携式万用表。

图 3-1　MF 47A 型指针式万用表

图 3-2　UNI-T 数字万用表

数字万用表功能分布如图 3-3 所示,其最大的特点是有一个量程转换开关,各种功能就是靠这个开关来切换的。A-挡表示测直流电流,一般毫安挡和安培挡各又分几挡;V-挡表示测直流电压,高级万用表有毫伏挡,电压挡也分几挡;V~挡表示测交流电压;A~挡测交流电流;Ω 即欧姆挡,表示测电阻,对于指针式万用表,每变换一次电阻挡位需要做一次调零,调零就是把万用表的红表笔和黑表笔搭在一起,然后转动调零旋钮,使指针指向零的位置;hFE 挡测量三极管的电流放大系数 β,把三极管的 3 个引脚插入万用表面板上对应的孔中,就能测出 hFE 值,注意 PNP 型、NPN 型三极管是不同的;F 挡可以测量电容容量的大小。

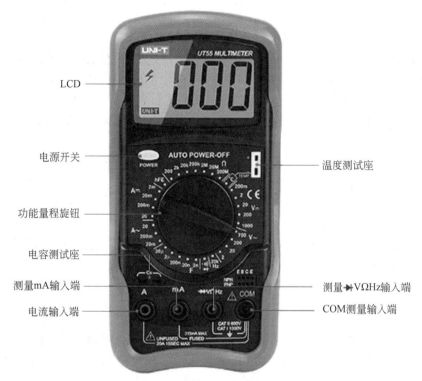

图 3-3 数字万用表功能分布

与指针式万用表相比,数字万用表灵敏度高,准确度高,显示直观清晰,过载能力强,便于携带,使用更简单,已成为电子电工测量以及电子设备维修等部门的必备仪表。

下面以数字万用表为例,简单介绍其使用方法和注意事项。

1. 使用方法

数字万用表使用方法如下。

(1) 使用前应认真阅读有关的使用说明书,熟悉电源开关、量程旋钮、插孔、特殊插口的作用。

(2) 将电源开关置于 ON 位置。

(3) 交直流电压的测量:根据需要将量程旋钮拨至 DCV(直流)或 ACV(交流)的合适量程,红表笔插入 V/Ω 孔,黑表笔插入 COM 孔,并将表笔与被测线路并联,读数即显示。

(4) 交直流电流的测量:将量程旋钮拨至 DCA(直流)或 ACA(交流)的合适量程,红表笔插入 mA 孔(<200mA 时)或 A 孔(>200mA 时),黑表笔插入 COM 孔,并将万用表串联在被测电路中即可。测量直流量时,数字万用表能自动显示极性。

(5) 电阻的测量:将量程旋钮拨至 Ω 挡的合适量程,红表笔插入 V/Ω 孔,黑表笔插入COM孔。如果被测阻值超出所选择量程的最大值,万用表将显示1,这时应选择更高的量程。测量电阻时,红表笔内接电池正极,黑表笔内接电池负极,这与指针式万用表正好相反。因此,测量晶体管、电解电容等有极性的元器件时,必须注意表笔的极性。

2. 使用注意事项

数字万用表使用注意事项如下。

(1) 如果无法预先估计被测电压或电流的大小,则应先拨至最高量程挡测量一次,再视情况逐渐把量程减小到合适位置。测量完毕,应将量程旋钮拨到最高电压挡,并关闭电源。

(2) 满量程时,数字万用表仅在LCD最高位显示数字1,其他位均消失,这时应选择更高的量程。

(3) 测量电压时应将数字万用表与被测电路并联,测量电流时应将数字万用表与被测电路串联,测直流量时不必考虑正、负极性。

(4) 当误用交流电压挡测量直流电压或者误用直流电压挡测量交流电压时,LCD将显示000,或低位上的数字出现跳动。

(5) 禁止在测量高电压(220V以上)或大电流(0.5A以上)时换量程,以防止产生电弧,烧毁开关触头。

(6) 当显示" "、"BATT"或"LOW BAT"时,表示电池电压低于工作电压。

3. 使用示例

万用表测试电流时就用电流挡,而不能误用电阻挡,其他同理,否则轻则烧万用表内的熔断器,重则损坏万用表,下面通过几个具体的实际测量操作来说明数字万用表的使用。

例2-1 判断线路或器件带不带电。

数字万用表的交流电压挡很灵敏,哪怕周围有很小的感应电压都可以显示,根据这一特点,可以当作测试电笔用。

将数字万用表打到AC 20V挡,黑表笔悬空,手持红表笔与所测路线或元件相接触,这时数字万用表会有显示。如果显示数字在几伏到十几伏(不同的万用表会有不同的显示),表明该线路或元件带电;如果显示为零或很小,表明该线路或元件不带电。

例2-2 区分供电线是相线还是零线。

第一种方法:可以用例2-1的方法加以判断。显示数字较大的就是相线,显示数字较小的就是零线,这种方法需要与所测量的线路或元件接触。

第二种方法:不需要与所测量的线路或元件接触。将数字万用表打到AC 2V挡,黑表笔悬空,手持红表笔使笔尖沿线路轻轻滑动。这时表上如果显示为几伏,则说明该线是相线;如果显示只有零点几伏甚至更小,则说明该线是零线。这样的判断方法不与线路直接接触,不仅安全而且方便快捷。

例2-3 寻找电缆的断点。

当电缆线中出现断点时,传统的方法是用数字万用表电阻挡一段一段地寻找电缆的断点,这样做不仅浪费时间,而且会在很大程度上损坏电缆的绝缘。利用数字万用表的感应特性可以很快地寻找到电缆的断点。先用电阻挡判断是哪根电缆芯线发生断路；然后将发生断路的芯线的一头接到 AC 220V 的电源上；随后将数字万用表打到 AC 2V 挡的位置上，黑表笔悬空，手持红表笔使笔尖沿线路轻轻滑动，这时表上若显示为几伏或零点几伏（因电缆的不同而不同）的电压，当笔尖移动到某一位置时，表上的显示突然降低很多，需记下这一位置，一般情况下断点就在这一位置前方 10～20cm 的地方。用这种方法还可以寻找故障电热毯等电阻丝的断路点。

例 2-4　用数字万用表测试二极管好坏。

数字万用表有个专测二极管的挡位，先将挡位开关调到该挡。正测：红表笔接正极，黑表笔接负极，可显示 PN 结的正向导通值。反测：黑表笔接正极，红表笔接负极，正常应显示 1。正测、反测均为 0 或 1，表明此二极管损坏。

例 2-5　用数字万用表测试三极管好坏。

将数字万用表挡位开关调到二极管挡，红表笔接任一脚，黑表笔去碰另两脚，如果两个都通，三极管是 NPN 型，且红表笔接的是基极；反过来，黑表笔接任一脚，红表笔去碰另两脚，如果两个都通，三极管是 PNP 型，且黑表笔接的是基极。再把数字万用表调到 hFE 挡，测得的三极管按引脚放入 hFE 插孔，可以测得直流放大倍数（只对一般的小功率管有效，对大功率管无效，因为大功率管需要基极有较大的推动功率，而数字万用表不能提供）。一般小功率管的直流放大倍数 hFE 为 30～1000。

3.1.2　兆欧表

兆欧表是一种测量高值电阻、电器设备及电路绝缘电阻的仪表，又称摇表、绝缘电阻测定仪等，如图 3-4 所示。

兆欧表主要由 3 部分组成：手摇直流发电机（有的用交流发电机加整流器）、磁电式流比计及接线桩（L、E、G）。手摇直流发电机有离心式调速装置，使转子能以恒定的速度转动，以保证输出稳定。如图 3-5 所示，图中 M 表示手摇直流发电机，1、2 为磁电式流比计中的两个可动线圈。R_A 和 R_V 是串联在两个线圈中的限流电阻。兆欧表有 3 个接线端钮：线路端钮 L、接地端钮 E 和屏蔽端钮 G，被测绝缘电阻 R_X 接在 L、E 之间。

图 3-4　兆欧表的外形

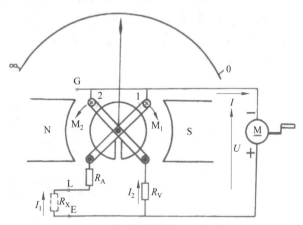

图 3-5　兆欧表的结构原理示意图

选用兆欧表时,其额定电压一定要与被测设备或线路的工作电压相适应,测量范围也应与被测绝缘电阻的范围相吻合,表 3-1 列举了一些不同情况下兆欧表的选用要求。

表 3-1 兆欧表的选用要求

测 量 对 象	被测绝缘的额定电压/V	所选兆欧表的额定电压/V
线圈绝缘电阻	500 以下	500
	500 以上	1000
电动机或电力变压器线圈绝缘电阻	500 以上	1000～2500
发电机线圈绝缘电阻	380 以下	1000
电气设备线圈绝缘电阻	500 以下	500～1000
	500 以上	2500
绝缘子绝缘电阻	5000 以下	2500～5000

使用兆欧表前应先检查其是否正常工作,将水平放置后的兆欧表开路,摇动直流发电机手柄到额定转速(120r/min),指针应指到∞处,再将 L(线路)和 E(接地)两接线柱短路,缓慢摇动直流发电机手柄,指针应迅速指到 0 处。注意在摇动直流发电机手柄时不得让 L 和 E 短接时间过长,否则将损坏兆欧表。

兆欧表的 3 个接线柱上面分别标有线路(L 接线柱)、接地(即 E 接线柱)、屏蔽或保护(G 接线柱)。实际使用中,E、L 两个接线柱可以任意连接,即 E 可以与被测物连接,L 可以与接地体连接(即接地),但 G 接线柱决不能接错。

测量照明、动力线路对地的绝缘电阻:将兆欧表的 E 接线柱可靠地接地(一般接到某一接地体上),将 L 接线柱接到被测线路上,如图 3-6(a)所示。连接好后,顺时针摇动兆欧表,转速逐渐加快,保持在约 120r/min 后匀速摇动,当转速稳定,表的指针也稳定后,测出的绝缘电阻值就是某一相对地的绝缘电阻值。

测量电动机的绝缘电阻:将兆欧表 E 接线柱接机壳(即接地),L 接线柱接到电动机某一相的绕组上,如图 3-6(b)所示,指针所指示的数值即为被测物的绝缘电阻值。

测量电缆的绝缘电阻:测量电缆的导电线芯与电缆外壳的绝缘电阻时,将 E 接线柱与电缆外壳相连接,L 接线柱与线芯连接,同时将 G 接线柱与电缆壳、线芯之间的绝缘层相连接,如图 3-6(c)所示。

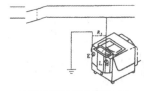 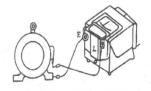 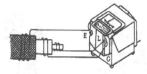

(a) 测量线路对地的绝缘电阻　　(b) 测量电动机的绝缘电阻　　(c) 测量电缆的绝缘电阻

图 3-6 兆欧表的使用

兆欧表使用时注意如下事项。

(1) 使用前应做开路和短路试验。使 L、E 两接线柱处在断开状态,摇动兆欧表,指针应指向∞;将 L 和 E 两个接线柱短接,慢慢地转动,指针应指向 0。这两项都满足要求,说明兆欧表是好的。

(2) 测量电气设备的绝缘电阻时,必须先切断电源,绝对不允许设备和线路带电时用兆欧表测量,然后将设备进行放电,以免设备或线路的电容放电危及人身安全和损坏兆欧表,这样还可以减小测量误差,同时注意将被测试点擦拭干净。

(3) 兆欧表测量时应放在水平位置,并用力按住兆欧表,防止在摇动中晃动,摇动的转速为 120r/min。

(4) 引接线应采用多股软线,且要有良好的绝缘性能,两根引接线切忌绞在一起,以免造成测量数据不准确。

(5) 测量完后应立即对被测物放电,在摇表的摇把未停止转动和被测物未放电前,不可用手去触及被测物的测量部分或拆除导线,以防触电。

3.1.3 电度表

电度表是用来测量某一段时间内所消耗电能的仪表,又称电能表、火表,它是累计仪表,如图 3-7 和图 3-8 所示。

图 3-7 机械式电度表

图 3-8 智能电度表

1. 电度表分类

感应系交流电度表按相线可以分为单相电度表和三相电度表两大类。

1) 单相电度表

单相电度表主要由电压线圈、电流线圈、铝制转盘、转轴、制动永久磁铁、齿轮、计数器等组成,如图 3-9 所示。

单相电度表电能计量原理:当把电度表接入被测电路时,电流线圈和电压线圈中有交变电流流过,这两个交变电流分别在它们的铁芯中产生交变磁通,交变磁通穿过铝制转盘,在铝制转盘中感应出涡流,涡流又在磁场中受到力的作用,从而使铝制转盘得到转矩(主动力矩)而转动。负载消耗的功率越大,通过电流线圈的电流越大,铝制转盘中感应出的涡流也越大,使铝制转盘转动的力矩就越大,即转矩的大小跟负载消耗的功率成正比。功率越大,转矩也越大,铝制转盘转动也就越快。铝制转盘转动时,又受到制动永久磁铁产生的制动力矩的作用,制动力矩与主动力矩方向相反;制动力矩的大小与铝制转盘的转速成正比,铝制转盘转动得越快,制动力矩也越大。当主动力矩与制动力矩达到暂时平衡

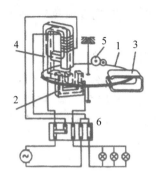

1—铝制转盘；2—电流线圈电磁铁；3—制动永久磁铁；4—电压线圈电磁铁；
5—传到计数机构的齿轮；6—接线端子板。

图3-9 交流单相电度表结构

时,铝制转盘将匀速转动。负载所消耗的电能与铝制转盘的转数成正比。铝制转盘转动时,通过轴向齿轮传动,带动计数器,把所消耗的电能指示出来。

电度表的选择应从用途、量程及测量值的准确度等来考虑。选择量程时,根据负载的额定电压和最大额定电流选取与之相符的电度表。

单相电度表一般有4个接线端子,2进2出,接线较复杂,容易接错。一旦电度表电压线圈或电流线圈有一个接反,电度表铝制转盘将会反转。因此,在接线前应查看说明书,根据说明书要求和接线图,把进线和出线依次接在电度表的对应端钮上。接线时必须遵守发电机端守则,即电流线圈和电压线圈的发电机端应共同接到电源的同一极性端子上。除此之外,还应注意电源相序,特别是无功电度表更应注意相序。

在电路负载比较小的情况下,可以将电度表直接接入电路中,但在负载比较大的电路中,负载电流比较大,若直接将电度表接入电路中,可能会损坏电度表,所以需要使用电流互感器将负载电流变成较小的电流互感器二次电流。

图3-10是单相电度表接线原理图。

2) 三相电度表

三相电度表是一种用于测量三相交流电路中电源输出(或负载消耗)电能的电度表。其工作原理与单相电度表相同,仅在结构上采用多组驱动部件和固定在转轴上多个铝制转盘的方式,实现对三相电能的测量。

交流线路中的电流 I 总是由一个有功分量和一个无功分量组成的,有功和无功分量电流是直角三角形的勾股关系,也就是说,一个电流 I 可以分解成一个有功分量电流和一个无功分量电流。设 S 为视在功率,P 为有功功率,Q 为无功功率,I 为电流,$I_{有功}$ 为有功分量电流,$I_{无功}$ 为无功分量电流,ϕ 为功率因数角。有下列式子成立:

$$S = P + Q, \quad P = \cos\phi \cdot S, \quad Q = \sin\phi \cdot S$$
$$I_{有功} = \cos\phi \cdot I, \quad I_{无功} = \sin\phi \cdot I = \cos(90-\phi) \cdot I$$

根据被测电能的性质,三相电度表分为有功电度表和无功电度表;根据三相电路接线形式的不同,又可分为三相三线制和三相四线制。三相电度表一般用于工业、配电箱及民用建筑等,其接线方式可分为直进式和互感式。三相四线比三相三线多了一根零线,其最

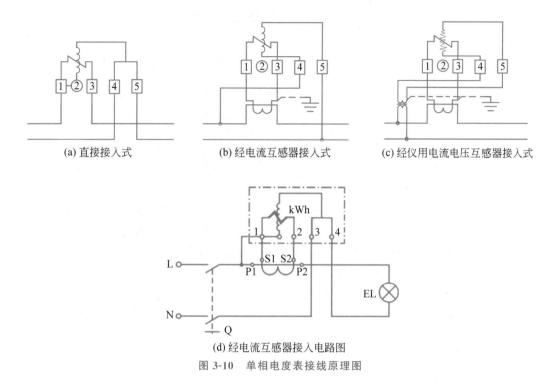

图 3-10　单相电度表接线原理图

大区别是三相三线只有 3 根相线,仅提供 380V 电压;三相四线是 3 根相线加 1 根零线,可以提供 380V 或 220V 电压,中间是地线,左零线,右相线。

有功电度表:通过将有功功率对时间积分的方式测量有功电能的仪表。电能可以转换成各种能量。例如,通过电炉转换成热能,通过电动机转换成机械能,通过照明灯转换成光能等。在这些转换中所消耗的电能为有功电能,记录这种电能的电表为有功电度表。三相电度表一般有 10 个接线端子,3 进 3 出和零线。三相四线有功(无功)电度表工作电压是 57.7/100V 或 220/380V;三相三线有功(无功)电度表工作电压是 100V 或 380V。对于有功电度表,应配备准确等级为 1.0 或 2.0 级的电流互感器。

图 3-11 为三相四线有功电度表接线原理图。

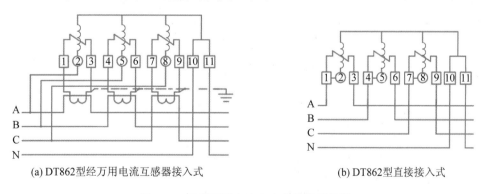

图 3-11　三相四线有功电度表接线原理图

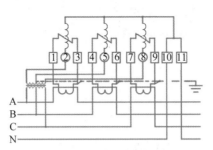

(c) DT862型经万用电压、电流互感器接入式

图 3-11 （续）

无功电度表：有些电气装置在进行能量转换时要先建立一种转换的环境，如电动机、变压器等，要先建立一个磁场才能进行能量转换；还有些电气装置是要先建立一个电场才能进行能量转换。建立磁场和电场所需的电能都是无功电能，而记录这种电能的电度表为无功电度表。无功电能在电气装置本身中是不消耗能量的，但会在电气线路中产生无功电流，该电流在线路中将产生一定的损耗。无功电度表是专门记录这一损耗的，一般只有较大的用电单位才安装这种电度表。对于无功电度表，应配备准确等级为 2.0 级或 3.0 级的电流互感器。

图 3-12 为三相无功电度表接线原理图。

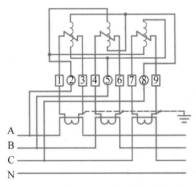
(a) DX862型经万用电流互感器接入式

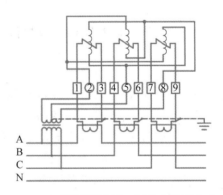
(b) DX862型经万用电压、电流互感器接入式

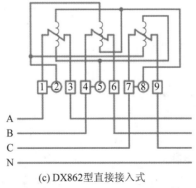
(c) DX862型直接接入式

图 3-12 三相无功电度表接线原理图

电度表通过仪用互感器接入电路时,其接线要求和功率表相同,电压线圈和电流线圈内的电流方向与不用互感器接入电路时相同。图 3-13 为三相有功、无功电度表与仪用互感器的联合接线方式。

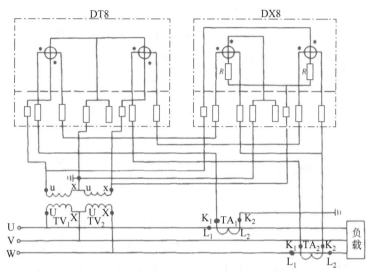

图 3-13　三相有功、无功电度表与仪用互感器的联合接线方式

2. 电度表的读数

对于直接接入电路的电度表,以及与所标明的互感器配套使用的电度表,被测电能均可从电度表中直接读取。当电度表上标有 $10\times kW\cdot h$ 或 $100\times kW\cdot h$ 字样时,应将电度表的读数乘 10 或 100 倍才是被测电能值。

当配套使用的互感器电压/电流比和电度表标明的不同时,必须将电度表的读数进行换算才能表示被测电能值。例如,电度表上标注互感器电压/电流比为 10 000/100V、100/5A,而实际使用的互感器电压/电流比为 10 000/100V、50/5A,被测电能实际值应通过电度表读数除以 2 换算。在实际工作中,可以利用有功电度表和无功电度表的月计量值,算出某车间用户的月平均功率因数。

3.2　常用电工工具

电工工具包括架线工具、登高工具及绝缘安全工具等,这里只介绍常用的电工工具。常用的电工工具常放在工具夹或工具袋中。工具夹是用来装电工随身携带的常用工具的器具,常用皮革或帆布制成,分为插装 1 件、3 件和 5 件工具等几种,使用时,佩挂背后右侧腰带上,以便随手取用和归放工具;工具袋是用来装锤子、凿子、手锯等工具和零星器材的背包,常用帆布制成,工作时一般斜挎在肩上。

3.2.1 电工刀

电工刀是剥削和切割电工材料的常用工具,主要用于剥削导线的绝缘外层,切割木台缺口和削制木桦等,其外形如图3-14所示。

在使用电工刀进行剥削作业时,应将刀口朝外,剥削导线绝缘时,应使刀面与导线成较小的锐角,以防损伤导线线芯,同时应注意避免伤到手指,如图3-15所示。

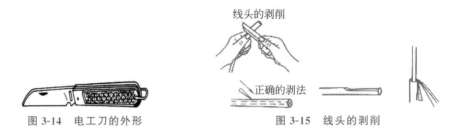

图3-14 电工刀的外形　　　　图3-15 线头的剥削

对于芯线截面积大于$4mm^2$的塑料硬线,可用电工刀来剥削绝缘层:首先根据所需线头长度,用电工刀以约45°角倾斜切入塑料绝缘层,注意用力适度,避免损伤芯线;然后使刀面与芯线保持25°角左右,用力向线端推削,在此过程中应避免电工刀切入芯线,只削去上面一层塑料绝缘;最后将塑料绝缘层向后翻起,用电工刀齐根切去,如图3-16所示。橡套软线绝缘层的剥削如图3-17所示。

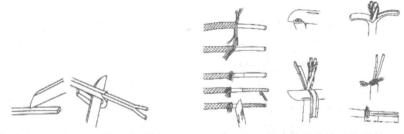

图3-16 塑料硬线绝缘层的剥削　　　　图3-17 橡套软线绝缘层的剥削

电工刀使用完毕后,应立即将刀身折进刀柄。因为电工刀刀柄是无绝缘保护的,所以绝不能在带电导线或电气设备上使用,以免触电。

3.2.2 剥线钳

剥线钳用来剥削导线截面积小于$3mm^2$绝缘导线的塑料或橡胶绝缘层,由钳口和绝缘手柄两部分组成,有自动剥线钳和手动多功能剥线钳两类,其外形如图3-18和图3-19所示。剥线钳钳口有$0.5\sim3mm^2$的多个圆形切口,用于不同规格线芯的剥削。使用时应使切口与被剥削导线线芯截面积相匹配,切口过大难以剥离绝缘层,切口过小会切断芯线。图3-20和图3-21是剥线钳结构及剥线示意图。

图 3-18 自动剥线钳的外形

图 3-19 手动多功能剥线钳的外形

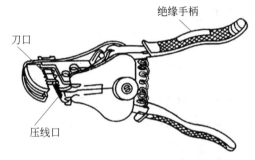

图 3-20 自动剥线钳结构及剥线示意图

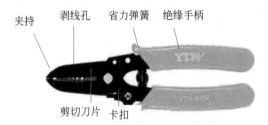

图 3-21 手动剥线钳结构及剥线示意图

3.2.3 钢丝钳

钢丝钳又称克丝钳、老虎钳,是电工应用最频繁的工具,它由钳头和钳柄两部分组成。钳头包括钳口、齿口、刀口、铡口 4 部分,其结构如图 3-22 所示。其中,钳口可用来钳夹和弯绞导线,齿口可代替扳手来紧固螺母,刀口可用来剪切导线、掀拔铁钉,铡口可用来铡切钢丝等硬金属丝。钢丝钳的用途如图 3-23 所示。

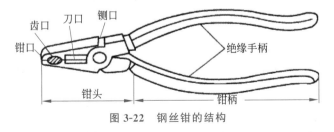

图 3-22 钢丝钳的结构

钢丝钳使用前检查其绝缘手柄,确定绝缘状况是否良好,不得带电操作,以免发生触

   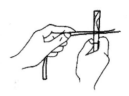

(a) 钳口：弯绞导线　　　(b) 齿口：紧固螺母　　　(c) 刀口：剪切导线　　　(d) 铡口：铡切钢丝

图 3-23　钢丝钳的用途

电事故；剪切带电导线时，必须单根进行，不得用刀口同时剪切相线和零线或者两根相线，以免造成短路事故；使用钢丝钳时要刀口朝向内侧，以便控制剪切部位；不能用钳头代替手锤作为敲打工具，以免变形。钳头的轴销应经常加机油润滑，保证其开闭灵活。

3.2.4　尖嘴钳

尖嘴钳的头部尖细，适用于在狭小的空间操作，常用于精细布线和元器件引线成形。尖嘴钳的外形如图 3-24 所示。尖嘴钳一般都带塑料套柄，使用方便，且能绝缘，其耐压等级为 500V。

尖嘴钳是一种常见的手工工具，可以用来夹持，夹持物体时要注意选择合适的夹持位置和使用适当的力量，以确保夹持稳固；也可以用来剪断各种材料，如金属线、塑料管等，剪断材料时要注意保持尖嘴钳的刀口锋利，确保剪断效果良好，要注意保护手指，避免受伤；还可以用来扳动零件，如螺丝、钉子等。

3.2.5　偏口钳

偏口钳又称斜口钳，外形如图 3-25 所示。它主要用于剪切导线，尤其适合用来剪除缠绕元器件后多余的引线。剪线时，要使钳头朝下，在不变动方向时可用另一只手遮挡，防止剪下的线头飞出伤眼。

图 3-24　尖嘴钳的外形　　　　　　　　图 3-25　偏口钳的外形

3.2.6　测电笔

测电笔又称低压验电器，是检验导线、电器是否带电的一种常用工具，检测范围为 50~500V。

1. 测电笔分类

测电笔主要有老式氖管测电笔和数显感应式测电笔两种，其外形如图 3-26 和图 3-27 所示。

图 3-26 氖管测电笔的外形　　图 3-27 数显感应式测电笔的外形

1）氖管测电笔

氖管测电笔的结构由笔尖、降压电阻、氖管、弹簧、笔尾金属体等部分组成，如图 3-28 所示。

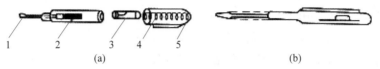

1—笔尖；2—降压电阻；3—氖管；4—弹簧；5—笔尾金属体。

图 3-28 氖管测电笔结构

使用氖管测电笔时，必须按照图 3-29 的正确握法进行操作。手指必须接触笔尾金属体，如图 3-29（a）所示；或手指必须接触测电笔顶部的金属螺钉，如图 3-29（b）所示。这样，只要带电体与大地之间的电位差超过 50V 时，电笔中的氖管就会发光。

2）数显感应式测电笔

数显感应式测电笔结构主要由测量极、数字显示窗、指示灯、金属笔尖、内置电池和电阻等部分组成，如图 3-30 所示。

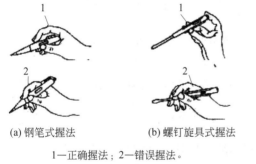 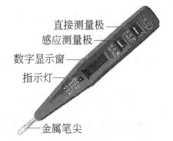

(a) 钢笔式握法　　(b) 螺钉旋具式握法

1—正确握法；2—错误握法。

图 3-29 测电笔使用方法　　图 3-30 数显感应式测电笔结构

使用数显感应式测电笔前先对测电笔进行自检（见图 3-31）：一只手拿着测电笔笔头，另一只手触摸直接测量极。如果灯亮表示测电笔电池充足，否则表示电池电量不足需要更换。

交流电检测：一只手接触直接测量极，然后把测电笔金属笔尖接触地线、零线或相线。接触地线显示 12，接触零线受影响时也会显示 12，接触相线显示 12、36、55、110、220，如图 3-32 所示。

线路断点检测：一只手接触感应测量极，金属笔尖靠近导线就会出现带电符号，之后沿着导线移动金属笔尖,带电符号消失,说明该处有断点,如图 3-33 所示。

图 3-31　测电笔自检　　　图 3-32　交流电检测　　　图 3-33　线路断点检测

2. 测电笔使用注意事项

(1) 使用测电笔之前,首先要检查其内部有无安全电阻、是否有损伤,有无进水或受潮,并在带电体上检查其是否可以正常发光,检查合格后方可使用。

(2) 氖管测电笔刀杆较长,应加套绝缘套管,避免测试时造成短路及触电事故。

(3) 数显感应式测电笔测量极只需轻触,不需用力按压,测试时不能同时接触两个测量极,否则会影响灵敏度及测试结果。

(4) 测电时必须精力集中,不能做与测电无关的事,如接打手机等,以免错验或漏验,甚至造成短路、触电事故。

(5) 用测电笔测量直流电路时,一只手接触测电笔尾端金属体,另一只手要触及另一极导体或接地体(低压直流电路对地绝缘良好时,只单手接触一极导体,不会造成触电;线路对地绝缘不良时,可以用另一只手触摸接地体),否则氖管发光很弱或不发光。

(6) 在明亮的光线下测试带电体时,应特别注意氖管是否真的发光或不发光,必要时可用另一只手遮挡光线仔细判别。千万不要造成误判,将氖管发光判断为不发光,从而将有电误判为无电。

(7) 低压测电笔金属笔尖与螺钉旋具形状相似,但其承受的扭矩很小,因此,应尽量避免用其安装或拆卸电气设备,以防受损。

(8) 使用完毕后,要保持测电笔清洁,并放置在干燥处,严防碰摔。

3.2.7　螺丝刀

紧固工具用于紧固和松动螺钉、螺母,包括螺钉旋具、螺母旋具和各类扳手等。螺钉旋具也称螺丝刀、改锥或起子,常用的有一字形螺钉旋具、十字形螺钉旋具和电动螺丝刀 3 类。

1. 一字形螺钉旋具

一字形螺钉旋具用于旋转一字槽螺钉,如图 3-34(a)所示。选用时应使旋具头部的长短和宽窄与螺钉槽相适应。若旋具头部宽度超过螺钉槽的长度,在旋紧螺钉时容易损坏安装件的表面;若头部宽度过小,则不但不能将螺钉旋紧,还容易损坏螺钉槽。

2. 十字形螺钉旋具

十字形螺钉旋具用于旋转十字槽螺钉,如图 3-34(b)所示。选用时应使旋杆头部与螺钉槽相吻合,否则易损坏螺钉槽。

(a) 一字形　　　　　　　(b) 十字形

图 3-34　螺丝刀结构

使用一字形和十字形螺丝刀紧固或松动螺丝时,必须使螺丝刀顶紧螺丝,然后压和拧同时进行紧固或松动,且用力要平稳适中,要防止用力过大使螺丝刀与螺丝之间滑动而拧花螺钉槽。螺丝刀具体使用方法如图 3-35 所示。一般情况下,顺时针方向是紧固,逆时针方向是松动。

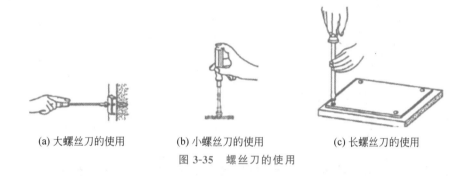

(a) 大螺丝刀的使用　　　(b) 小螺丝刀的使用　　　(c) 长螺丝刀的使用

图 3-35　螺丝刀的使用

3. 电动螺丝刀

电动螺丝刀别名电批、电动起子,是一种用电动机作为动力驱动螺丝刀头紧固和松动螺钉的电动工具,具有便携、高效、耐用、舒适等特点。

电动螺丝刀内部主要由电动机、减速器、传动轴、扭矩调节机构和电池等部分组成,外部结构有夹头、压柄开关、换向开关、手柄机壳等,如图 3-36 所示。

图 3-36　电动螺丝刀结构和批头

夹头:用来夹持螺钉批头。

压柄开关:在作业时控制电批转动,压下压柄开关,电批转动;松开压柄开关,电批停止转动。

换向开关:用于调节电批转动方向,调到 FOR 位置电批逆时针旋转,调到 REV,电批顺时针旋转。

手柄机壳:作业中起到手掌抓握作用,使电批不易滑落。

电动螺丝刀使用时要使批头与螺丝底部成一条直线,不得倾斜,碰到很难松紧的螺丝时,不能强行操作,同时,在运转中不能突然改变螺丝刀的旋转方向。

第 4 章

电 工 布 线

4.1 电工布线原则与规范

4.1.1 电工布线(明配线)原则

安全:电工布线必须遵循安全原则,确保电线连接牢固、绝缘性良好,避免短路、过载等安全隐患。

稳定:电工布线应当稳定可靠,避免电线松动、接触不良等问题,保证电路的安全可靠。

美观:布线时应考虑电路的美观度,尽量将电线隐藏在线槽内,避免电线暴露在外影响美观。

4.1.2 电工布线(明配线)规范

电工布线时,如图 4-1 所示,应该避免发生交叉并联、多层平行、交叉不规范等问题,尽量遵循布线规范,以确保电线安全可靠。电工布线要遵循下列规范:

(1) 布线应尽量避开弯曲和锐角,避免或减少电线的损伤和折断,保证布线牢固、美观。

(2) 布线应根据实际需要合理布局,确定电气设备的位置,然后进行线路连接。布线时严禁损伤线芯和导线绝缘。

(3) 同一平面的导线应高低一致或前后一致,不能交叉。

(4) 布线应横平竖直,变换走向应垂直 90°。

(5) 导线截面积不同时,应将截面积大的导线放在下层,截面积小的导线放在上层。

(6) 导线与接线端子连接时,应不压绝缘层、不反圈及露铜不大于 1mm。并做到同一元件、同一回路的不同接点导线间距离保持一致,一个接线端子上连接的导线不超过两根。

(7) 导线接头搭接应牢固,避免发生打火与接触不良的现象,绝缘带包缠应均匀紧密。

(8) 配线时，相线与零线的颜色应不同，同一相线（L）颜色应统一，零线（N）宜用蓝色，保护线（PE）必须用黄绿双色线。

(9) 紧固各元件时要用力匀称，紧固程度适当。在紧固熔断器、接触器等易碎元件时，应用手按住元件一边轻轻摇动，另一边用旋具轮换旋紧对角线上的螺钉，直到手摇不动后再适当旋紧些。

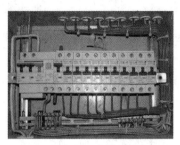

图 4-1　电工布线示意图

4.2　电线操作技能

4.2.1　电线概述

电线是指传输电能的导线，一般由铝或铜制成。铝导线的导电性能、耐腐蚀能力比铜导线差，但其重量轻，价格便宜。重要的线路或要求可靠性较高的电气设备都采用铜导线。

铜导线可分为硬线和软线两大类。硬线称为 BV 线，是一种单股铜导线，相对较硬，如图 4-2 所示；软线称为 BVR 线，是多股的铜导线，手感柔软，但价格比硬线略高，如图 4-3 所示。

图 4-2　硬线

图 4-3　软线

1. 电线规格平方数

电线规格平方数是指电线导体的横截面积，通常用 mm^2 表示，电线规格平方数越大，电线导体的横截面积越大，电线的导电能力就越强，承载电流的能力就越强，但是电线的价格也越高。一般来说，$1mm^2$ 的电线最大可承受 5~6A 的电流。

在用电中，需要根据不同用途选择不同规格的电线，电线的规格要跟所连接的电器功率相匹配，如果电线规格过小，容易出现电线超载跳闸等问题。下面是一些常见的电线规格平方数（见图 4-4）及其用途。

图 4-4　电线规格平方数

$1.5mm^2$：适用于照明、小功率电器的供电线路。

$2.5mm^2$：适用于大功率电器的供电线路，如空调、热水器等。

$4mm^2$：适用于大功率电器的供电线路，如电磁炉、电烤箱等。

$6mm^2$：适用于大功率电器的供电线路，如电动机等。

2. 电线质量检查

电线质量的好与坏直接影响到它的使用和我们生命的安全，如何辨别电线质量的好坏，可以从以下5方面判断。

重量：质量好的电线，一般都在规定的重量范围内。例如，常用的截面积为 $1.5mm^2$ 的塑料绝缘单股铜芯线，每100m 重量为 1.8～1.9kg；$2.5mm^2$ 的塑料绝缘单股铜芯线，每100m 重量为 2.8～3.0kg；$4.0mm^2$ 的塑料绝缘单股铜芯线，每100m 重量为 4.1～4.2kg 等。质量差的电线重量不足，要么长度不够，要么电线铜芯杂质过多。

铜质：合格的铜芯应该是紫红色，有光泽且手感软。只要不是铜包铝电线，紫铜是那种发红的颜色，黄铜比较黄，紫铜比黄铜的质地柔软。

3C认证：电线必须要有 3C 认证标志，这种认证是经过国家检验取得的，有这种认证标志的电线会保证用电安全，一定要选择有 3C 认证标志的电线。

合格证：合格证上面有 3C 认证标志、商标产品型号、检测时间、制造时间等一系列标志，它相当于产品的说明书，只有正规的厂家才会有这些标志。

厂家：假冒伪劣电线往往是"三无"产品，但上面却也有模棱两可的产地等标志，如中国制造、中国某省或某市制造等，但这实际等于未标产地。

4.2.2 电线连接

在电线的安装施工中，常常需要将一根电线与另一根电线连接起来，电线连接的质量直接关系到整个线路能否安全可靠地长期运行，所以电线连接是电工作业的一项基本工序，也是一项十分重要的工序。

电线与电线连接处称为接头，接头的位置往往容易发生事故，为了尽量避免事故的发生，对电线连接处的基本要求：电线连接要牢固可靠，接头接触电阻小、机械强度高，接头处的机械强度不低于导线原有机械强度的80%，耐腐蚀、耐氧化、电气绝缘性能好。

1. 电线绝缘层的剥削

电线连接前，要根据具体的连接方法及电线截面积大小将电线的绝缘层进行剥除，不可损伤其芯线。常用的工具是剥线钳和电工刀，剥线钳常用于剥削较小截面积的电线及电线绝缘层，电工刀常用于剥削较大截面积的电线及电线绝缘层。具体操作方法如图 4-5 所示。

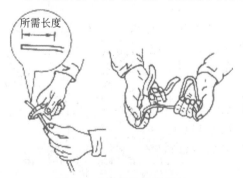

图 4-5 电线绝缘层的剥削

（1）芯线截面积小于 $2.5mm^2$ 的塑料硬线，可以用剥线钳剥削绝缘层，步骤如下。

① 用左手握住电线，根据截面积大小选用相应剥线钳孔径剥切线头所需长短的绝缘

层,但不可切入芯线。

② 用右手握住剥线钳手柄向外去除塑料绝缘层。

③ 如发现芯线损伤较大应重新剥削。

(2) 芯线截面积大于 $4mm^2$ 的塑料硬线,可用电工刀来剥削绝缘层,如图 4-6 所示,具体步骤如下。

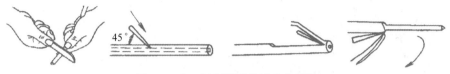

图 4-6　电工刀剥削塑料硬线绝缘层

① 根据需要的长度用电工刀以 45°角倾斜切入塑料绝缘层。

② 然后刀面与芯线保持 45°角左右,用力向线端推削,不可切入芯线,削去上面一层塑料绝缘。

③ 将下面塑料绝缘层向后扳翻,然后用电工刀切去。

(3) 塑料软线绝缘层的去除不能用电工刀剥削,而应使用剥线钳剥削。

(4) 塑料护套线绝缘层必须用电工刀剥削,如图 4-7 所示,具体步骤如下。

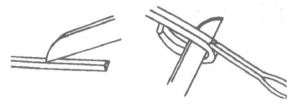

图 4-7　塑料护套线绝缘层的剥削

① 按所需长度用电工刀刀尖对准芯线缝隙间划开护套层。

② 向后扳翻护套层,用刀切去。

2. 电线与电线连接

电线的种类很多,连接时应根据电线的材料、规格、种类等采用不同的连接方法。

(1) 单股铜导线直接连接。小截面积单股铜导线连接方法如图 4-8 所示,先将两导线的芯线线头 X 形交叉,再将芯线相互缠绕两三圈后扳直两线头,然后将每个线头在另一芯线上紧贴密绕五六圈后剪去多余线头即可。

(2) 单股铜导线 T 字分支连接。单股铜导线 T 字分支连接如图 4-9 所示,将支路芯线的线头紧密缠绕在干路芯线上,5~8 圈后剪去多余线头即可。对于较小截面积的芯线,可先将支路芯线的线头在干路芯线上打一个环绕结,再紧密缠绕 5~8 圈后剪去多余线头即可。

(3) 单股铜导线十字分支连接。单股铜导线十字分支连接如图 4-10 所示,将上下支路芯线的线头紧密缠绕在干路芯线上,5~8 圈后剪去多余线头即可。可以将上下支路芯线的线头向一个方向缠绕,也可以向左右两个方向缠绕。

(4) 单股铜导线与软线连接。将软线线芯往单股铜导线上缠绕五六圈,再把单股铜

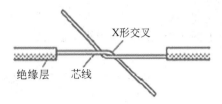

(a) 将两导线的芯线线头X形交叉

(b) 将芯线相互缠绕两三圈后扳直两线头

(c) 将每个线头在另一芯线上紧贴密绕五六圈后剪去多余线头

图 4-8 单股铜导线直接连接示意图

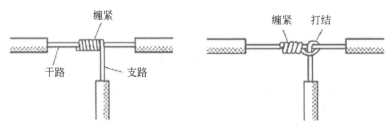

图 4-9 单股铜导线 T 字分支连接示意图

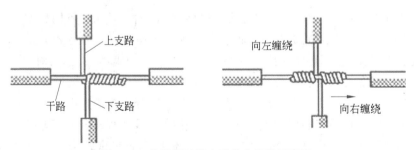

图 4-10 单股铜导线十字分支连接示意图

导线的线芯向后折回压紧在缠绕层上,以防绑线松脱,如图 4-11 所示。

(5) 不同截面积导线的连接。将细导线在粗导线线头上紧密缠绕五六圈,弯曲粗导线头的端部,使它压在缠绕层上,再用细线头继续缠绕 3～5 圈,切去余线,钳平切口毛刺,如图 4-12 所示。

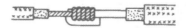

图 4-11 单股铜导线与软线连接示意图

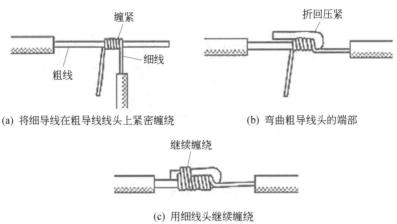

图 4-12 不同截面积导线连接示意图

3. 电线绝缘的恢复

电线绝缘层破损或电线连接后都要恢复绝缘，恢复后的绝缘强度不应低于原有的绝缘层。恢复绝缘层的材料一般为黄蜡带、涤纶薄膜带、塑料带和黑胶带等。

包缠绝缘带时，一是不能过疏，更不允许露出线芯，以免造成事故；二是包缠时绝缘带要拉紧，要包缠紧密、坚实，并黏在一起以免潮气侵入。包缠方法采用斜叠法：以 45°～55°倾斜角度斜向缠绕，使每圈压叠带宽的半幅，再朝另一斜向缠绕下一层，缠绕方式如图 4-13 所示。

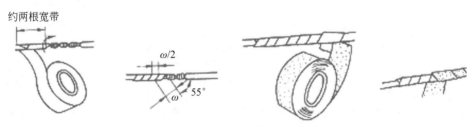

图 4-13 包缠绝缘带的缠绕方式

4. 电线与接线桩连接

常见接线桩有 3 种形式，即针孔式、平压式和瓦形。单股芯线、多股芯线与不同接线桩的连接方法也有所不同。

1) 单股芯线与针孔接线桩连接（针孔式）

单股芯线与针孔接线桩连接如图 4-14 所示，连接时按要求的长度将线头折成双股并排插入针孔，使压接螺钉顶紧在双股芯线的中间，如果线头较粗，双股芯线插不进针孔，也可将单股芯线插入针孔拧紧。

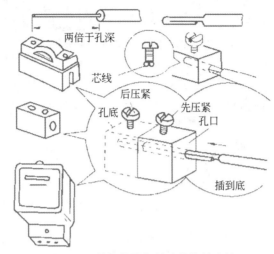

图 4-14　单股芯线与针孔接线桩连接

2) 多股芯线与针孔接线桩连接（针孔式）

多股芯线与针孔接线桩连接如图 4-15 所示。

(a) 针孔合适的连接

(b) 针孔过大时线头的处理　　　(c) 针孔过小时线头的处理

图 4-15　多股芯线与针孔连接

3) 单股芯线平压式连接

单股芯线与螺钉平压式接线柱的连接是利用半圆头、圆柱头或六角头螺钉加垫圈将线头压紧完成连接的。对载流量较小的单股芯线，先将线头弯成压接圈（俗称羊眼圈），再用螺钉压紧。为保证线头与接线柱有足够的接触面积，日久不会松动或脱落，压接圈必须弯成圆形。单股芯线平压式连接如图 4-16 所示。

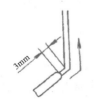 

图 4-16　单股芯线平压式连接示意图

4) 单股芯线瓦形连接

瓦形接线柱的垫圈为瓦形。为了保证线头不从瓦形接线柱内滑出,压接前应先将已去除氧化层和污物的线头弯成 U 形,如图 4-17(a)所示;然后将其卡入瓦形接线柱内进行压接。如果需要将两个线头接入一个瓦形接线柱内,则首先应使两个弯成 U 形的线头重合;然后将其卡入瓦形垫圈下方进行压接,如图 4-17(b)所示。

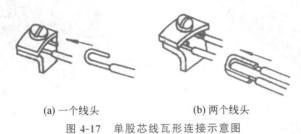

(a) 一个线头　　　　　　(b) 两个线头

图 4-17　单股芯线瓦形连接示意图

5. 电线线路配线方式

室内线路常用的配线方式有塑料护套线配线、线槽配线和线管配线等,选择何种配线方式,应考虑室内环境的特征和安全要求等因素。

1) 塑料护套线配线

塑料护套线是一种具有塑料保护层的双芯或多芯绝缘电线,具有防潮、线路造价低和安装方便等优点,可以直接敷设在墙壁、空心板及其他建筑物表面。其配线方式如图 4-18 所示。

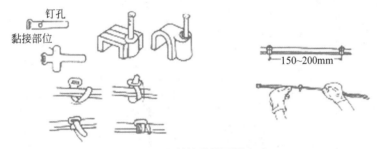

图 4-18　塑料护套线配线方式

2) 线槽配线

线槽配线方式广泛用于电气工程安装、机床和电气设备的配电板或配电柜等配线;也适用于电气工程改造时更换线路,以及各种弱电、信号线路在吊顶内的敷设。常用的塑料线槽材料为聚氯乙烯(PVC),由槽底和槽盖组合而成,如图 4-19 所示。配线时,应先敷设槽底,再敷设电线(即将电线放置于槽腔中),最后扣紧槽盖,如图 4-20 所示。应注意的是,槽底接缝与槽盖接缝应尽量错开。线槽配线方式具有安装维修方便、阻燃等特点。

3) 线管配线

线管配线是把绝缘电线穿在线管内敷设,如图 4-21 所示。这种线管常见的是塑料穿线管,有 PVC 线管(硬管)(见图 4-22)、PE 穿线管(软管)和塑料波纹管。线管配线方式比较安全可靠,使电线可以避免腐蚀性气体侵蚀及遭受机械损伤,有明配和暗配两种。明配是把线管敷设在墙上及其他明露处,要求配线横平竖直、整齐美观;暗配是把线管埋设在墙内楼板或地板内,以及其他看不见的地方,不要求横平竖直,只要求管路短、弯头少。

图 4-19　PVC 阻燃线槽

图 4-20　线槽配线

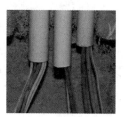

图 4-21　线管布线

图 4-22　PVC 线管

第 5 章

电工综合实训

5.1 电工实训安全用电规则及注意事项

电工实训安全用电规则如下。

(1) 实训操作时,思想要高度集中,实训室内任何电气设备、操作台,未经验电,一般视为有电,不准用手随意触摸,不可绝对相信绝缘体。

(2) 电路连接完工后,送电前必须用万用表认真检查电路,防止短路,合乎要求后方能送电。

(3) 送电操作时,须有指导老师在旁并检验合格后方可通电试运行,学生不得私自接通电源。

(4) 所接电路通电后,不得用手触摸任何带电部位,拆除时必须先切断电源。

(5) 实训发生触电时,应立即快速切断实训平台电源开关。

电工实训注意事项如下。

(1) 实训室内禁止喧哗、嬉闹,禁止携带食物、饮品等进入。

(2) 行走时应注意周边物品,避免滑倒摔伤或碰到实训设备,注意安全。

(3) 不摆弄与实训无关的元器件、设备装置,爱惜实训室中的各种设备。

(4) 严禁在实训时随意走动,严禁随意从其他实训平台拿取实训工具和电气器材。

(5) 实训结束后整理实训工具箱,清理导线,关闭万用表电源开关。

5.2 电工实训平台简介

图 5-1 为电工实训平台。将空气开关闭合后,按绿色电源起动按钮,电源输出指示灯亮起,实训平台交流电压正常输出(可输出 220V 与 380V 电压);如果有一相熔断器烧断,电源输出指示灯熄灭,实训平台交流电压不能输出。如遇到触电紧急情况,按红色的急停开关可以切断实训平台电源。学生实训时,在实训平台的布线板上根据电路原理图连接线路,如果所连接线路有漏电、短路情况,漏电保护开关会立即动作,自动关闭电源,保护

设备和人员安全。

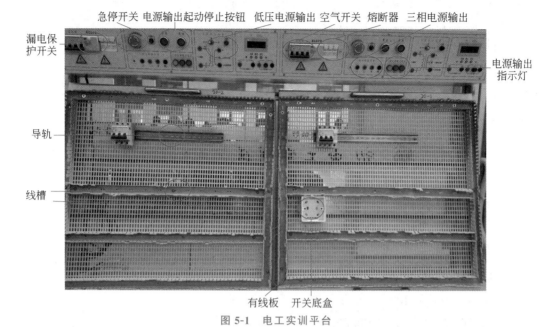

图 5-1　电工实训平台

5.3　照明及电气控制实训

5.3.1　白炽灯照明电路

1. 实训目的

（1）掌握白炽灯的种类和工作原理。

（2）学会白炽灯线路的安装和布线。

（3）学会用万用表检测、分析和排除故障。

2. 实训所需电气元件明细表

表 5-1 是白炽灯照明电路连接所需的电气元件明细表。

表 5-1　电气元件明细表

序 号	名 称	数 量	备 注
1	空气开关	1	
2	白炽灯泡 220V/40W	1	
3	螺口式平灯座	1	
4	单联开关	2	
5	双联开关	2	
6	开关盒	2	

3. 白炽灯

白炽灯结构简单,使用可靠,价格低廉,其相应的电路也简单,因而应用广泛;其主要缺点是发光效率较低,寿命较短。

白炽灯泡由灯丝、玻壳和灯头3部分组成。其灯丝一般都由钨丝制成,玻壳由透明或不同颜色的玻璃制成。40W以下的灯泡,将玻壳内抽成真空;40W以上的灯泡,在玻壳内充氩气或氮气等惰性气体,使钨丝不易挥发,以延长寿命。白炽灯泡的灯头,有卡口式和螺口式两种形式,如图5-2所示,功率超过300W的灯泡,一般采用螺口式灯头,因为螺口式灯头比卡口式灯头接触和散热要好。

(a) 卡口式　　　(b) 螺口式

图 5-2　白炽灯泡外形

4. 常用的灯座

常用的灯座有卡口式吊灯座、卡口式平灯座、螺口式吊灯座和螺口式平灯座等,外形如图5-3所示。

(a) 卡口式吊灯座　　(b) 卡口式平灯座　　(c) 螺口式吊灯座　　(d) 螺口式平灯座

图 5-3　灯座外形

5. 常用的开关

开关的品种很多,常用的开关有拉线开关、顶装拉线开关、防水拉线开关、平开关和暗装开关等,外形如图5-4所示。

(a) 拉线开关　　(b) 顶装拉线开关　　(c) 防水拉线开关　　(d) 平开关　　(e) 暗装开关

图 5-4　开关外形

6. 白炽灯的控制方式

白炽灯有单联开关控制和双联开关控制两种方式,如图5-5所示。

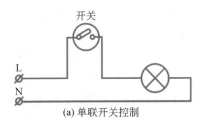 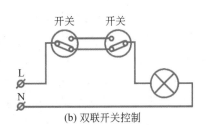

(a) 单联开关控制　　　　　　　　　(b) 双联开关控制

图 5-5　白炽灯的控制方式

7. 白炽灯照明电路的安装与接线

白炽灯的基本控制线路原理如表 5-2 所示,可选用几种进行实训。实训时先将开关装到开关盒上。

表 5-2 白炽灯的基本控制线路原理

名称用途	接线图	备注
一个单联开关控制一盏灯	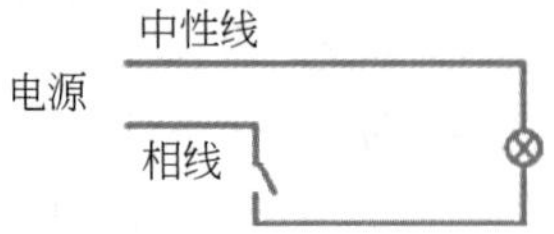	开关装在相线上,接入灯头中心簧片上,零线接入灯头螺纹口接线柱
一个单联开关控制两盏灯	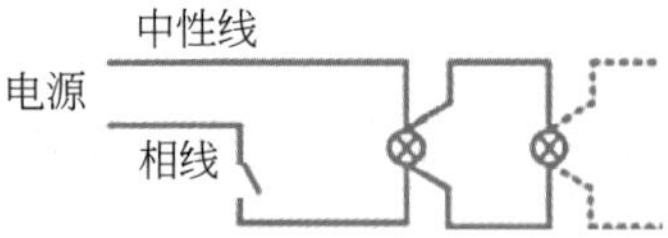	超过两盏灯按虚线延伸,但要注意开关允许容量
两个单联开关,分别控制两盏灯	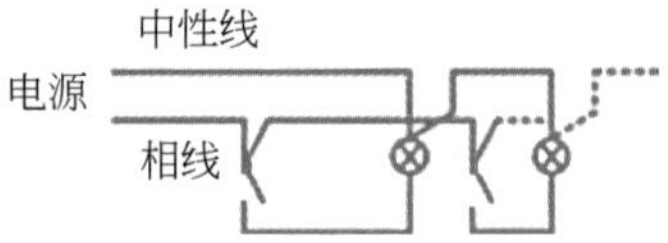	用于多个开关及多盏灯,可延伸接线
两个双联开关在两地,控制一盏灯	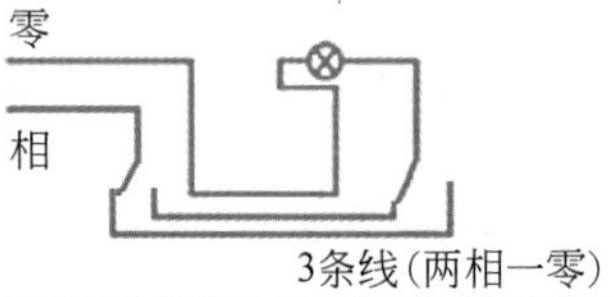	用于楼梯或走廊,两端都能开、关的场合。接线口诀:开关之间 3 条线,零线经过不许断,电源与灯各一边

安装照明电路必须遵循的总原则:相线必须进开关,开关、灯具要串联,照明电路间要并联。

5.3.2 荧光灯照明电路

1. 实训目的

(1) 掌握荧光灯的结构和工作原理。
(2) 学会荧光灯线路的安装和布线。
(3) 学会用万用表检测、分析和排除故障。

2. 荧光灯照明电路原理图

荧光灯照明电路原理图如图 5-6 所示。当荧光灯接通电源后,电源电压经镇流器、灯丝,加在启辉器的 U 形动触片和静触片之间,启辉器放电。放电时的热量使双金属片膨胀并向外弯曲,动触片与静触片接触,接通电路,使灯丝预热并发射电子。与此同时,由于 U 形动触片与静触片相接触,使两个触片间的电压为 0 而停止光放电。使 U 形动触片冷却并恢复原形,脱离静触片。在动触片断开瞬间,镇流器两端会产生一个比电源电压高得多的感应电动势,这个感应电动势加在灯管两端,使灯管内惰性气体被电离引起电弧光放电。随着灯管内温度升高,液态汞就汽化游离,引起汞蒸气弧光放电而发出肉眼看不见的紫外线。紫外线激发灯管内壁的荧光粉后,发出近似月光的灯光。

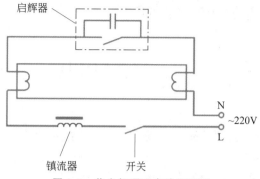

图 5-6 荧光灯照明电路原理图

镇流器还有两个作用：一个是在灯丝预热时，限制灯丝所需要的预热电流值，防止预热过高而烧断，并保证灯丝电子的发射能力；另一个是在灯管启辉后，维持灯管的工作电压和限制灯管工作电流在额定值内，以保证灯管能稳定工作。

并联在氖管上的电容有两个作用：一个是与镇流器线圈形成 LC 振荡电路，能延长灯丝的预热时间和维持感应电动势；另一个是能吸收干扰收音机和电视机的交流杂声。如电容被击穿，则将电容剪去后仍可使用；若完全损坏，可暂时借用开关或导线代替，同样可起到触发作用。如灯管一端灯丝断裂，将该端的两个引脚并联后仍可使用一段时间。可以在荧光灯的输入电源上并联一个电容来改善功率因数。

3. 实训所需电气元件明细表

表 5-3 是荧光灯照明电路连接所需的电气元件明细表。

表 5-3　电气元件明细表

序　号	名　　称	数　量	备　注
1	空气开关	1	
2	镇流器	1	
3	启辉器	1	
4	荧光灯灯管	1	
5	单控开关	1	
6	开关盒	1	

4. 电路的安装

安装时，启辉器座的两个接线柱分别与两个灯座中的各一个接线柱相连接；两个灯座中余下的接线柱，一个与中线相连，另一个与镇流器的一个线端相连；镇流器的另一个线端与开关的一端相连；开关的另一端与电源的相线相连。

经检查安装牢固且接线无误后，接通交流电源，荧光灯应能正常工作。若不正常，则应分析并排除故障使荧光灯能正常工作。

5.3.3 感应开关、触摸开关控制照明电路

1. 实训目的

（1）学会声（光）控延时开关、人体感应类开关和触摸开关线路的安装和布线。

（2）学会用万用表检测、分析和排除故障。

2. 实训电路原理

在现实生活中有一些公共设施，如楼道出入口、公共厕所等地方，常常采用的是一些感应开关，它们具有以下特点：在白天它们一般不工作，但到了晚上，当人们发出它们能接收到的一些信号时，便接通电源，使灯开始工作，在延时一段时间后能自行断开电源。下面介绍几种常用的开关及它们的接线方式。

声（光）控延时开关是利用振动传感器，通过对振动信号进行转换，利用电信号放大电路对其进行放大触发并接通电路，使灯工作。光敏电阻用来判断白天和黑夜。确认接线无误后接通电源，在黑暗的状态下（或用盒子罩住开关）发出声响，可击掌或踩一下脚，灯泡亮，经过一段延时后，灯泡自行熄灭。

人体感应类开关又称热释人体感应开关或红外智能开关。它是基于红外线技术的自动控制产品，当人进入感应范围时，专用传感器探测到人体红外光谱的变化，自动接通负载，人不离开感应范围，将持续接通；人离开后，延时自动关闭负载。

人体感应类开关是根据人体的红外线进行运作的感应器，人体的温度一般在36～37℃，会发出特定波长的红外线。它的开关主要由热释电红外传感器及专用单片集成电路构成，人到灯亮，人走灯灭。

触摸开关是通过人体的部位接近开关所产生的电容或电阻的波动，给芯片传递指令，由芯片控制开关电路，实现起动或者关闭用电器的目的。在开关用电器的过程中，人体不需要近距离接触高压电源。

触摸键采用的是电容式感应技术。人体是导电的，电容式感应按键下方的电路能产生分布均匀的静电场，当手指移到按键上方时，按键表面的电容发生了改变，内部的相关电路依据电容的改变做出判断，实现预定的功能。电容式感应按键使用起来非常方便，只需触摸，无须用力按，就可实现开关通断。

图 5-7 是上述几种开关控制照明电路的接线原理图。

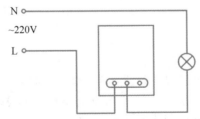

图 5-7 开关控制照明电路的接线原理图

3. 实训所需电气元件明细表

表 5-4 是感应开关、控制开关控制照明电路连接所需的电气元件明细表。

表 5-4　电气元件明细表

序号	名称	数量	备注
1	空气开关	1	
2	白炽灯泡	1	
3	螺口式平灯座	1	
4	声(光)控延时开关	1	
5	触摸开关	1	
6	人体感应类开关	1	
7	开关盒	1	

4. 实训注意事项

(1) 实训中所用的开关只限于纯电阻性负载(如白炽灯),且负载功率不得大于 100W。

(2) 不要随意拆卸开关,以免损坏。

(3) 安装照明电路必须遵循的总原则:相线必须进开关,开关、灯具要串联,照明电路间要并联。

5.3.4　单相电动机电容起动控制电路

1. 实训目的

(1) 通过观察实物,熟悉单相电动机电容起动结构和使用方法。

(2) 通过实践,掌握单相电动机电容起动控制电路安装接线与检测方法。

(3) 掌握使用万用表检测、分析和排除故障。

2. 电路原理图

图 5-8 为单相电动机电容起动控制电路原理图。单相电动机除了工作绕组(一次绕组)外,还设有起动绕组(二次绕组),它的作用是产生起动转矩,一般在起动时接入。当转速达到 70%～85% 的同步转速时,由离心开关(一般装在电动机内)将二次绕组从电源自动切除,所以正常工作时只有一次绕组在电源上运行。

图 5-8　单相电动机电容起动控制电路原理图

3. 实训所需电气元件明细表

表 5-5 是单相电动机电容起动控制电路所需的电气元件明细表。

表 5-5　电气元件明细表

文字符号	名　称	数　量	备　注
QF	空气开关	1	
M	单相电容电动机	1	

4. 测试与调试

在确定接线准确无误后,可按控制屏上的起动按钮起动,在电动机起动后,会听到电动机内部轻微的"砰"一声,表示电动机内部的离心开关已动作,切断了二次绕组。

5.3.5　三相电动机点动控制电路

1. 实训目的

(1) 通过观察实物,熟悉按钮和接触器的结构和使用方法。

(2) 通过实践,掌握具有短路保护的点动控制电路安装接线与检测方法。

(3) 掌握使用万用表检测、分析和排除故障。

2. 电路原理图

图 5-9 为三相电动机点动控制电路原理图。当按下起动按钮 SB_1 时,控制电路导通,接触器 KM_1 线圈通电,主触头闭合,电动机 M 起动旋转;当松开按钮时,控制电路断开,接触器 KM_1 线圈失电,主触头断开,电动机停止旋转。

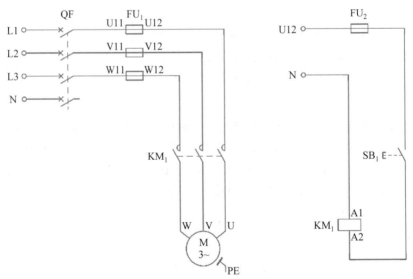

图 5-9　三相电动机点动控制电路原理图

3. 工具、仪表及器材

(1) 电工常用工具:测电笔、螺钉旋具、尖嘴钳、偏口钳、剥线钳等。

(2) 仪表:万用表。

(3) 器材:各种电气元件明细表如表 5-6 所示。

表 5-6　电气元件明细表

文 字 符 号	名　　称	数　量	备　　注
QF	空气开关	1	
KM	交流接触器	1	
SB	按钮	1	
M	三相笼型异步电动机	1	
FU_1	3P 熔断器	1	
FU_2	1P 熔断器	1	

4. 安装及工艺要求

安装及工艺要求如下。

(1) 按表 5-6 配齐所用电气元件,并进行质量检验。

(2) 检验选配的低压电气的技术数据(如型号、规格、额定电压、额定电流等)是否完整并符合要求,并检验其外观、备件、附件是否齐全完好。

(3) 检验电气元件的电磁机构动作是否灵活,有无衔铁卡阻等不正常现象。用万用表检查电磁线圈的通断情况以及各触头的分合情况。

(4) 用万用表检测电气元件及电动机的有关技术数据是否符合要求。

(5) 安装元器件。

(6) 布线。

(7) 根据电路原理图检查布线的正确性。以防止因错接、漏接造成不能正常运转或短路等事故。

(8) 按电路原理图或接线图从电源端开始,逐段核对接线及接线端子处线号是否正确,有无漏接、错接。检查电线接点是否符合要求,压接是否牢固。接触应良好,以免带负载运行时产生闪弧现象。

(9) 用万用表检查线路的通断情况。检查时,应选用倍率适当的电阻挡,并进行校零,以防短路故障的发生,对控制电路的检查(可断开主电路)。

(10) 安装电线管并穿线。

(11) 安装电动机。

(12) 连好接地线。

(13) 检查安装质量,并进行绝缘电阻测量。

(14) 将三相电源输出接入控制开关。

(15) 通电试车。为保证人身安全,在通电试车时,要认真执行安全操作的有关规定,一人监护,一人操作。试车前应检查与通电试车有关的电气设备是否有不安全的因素存在,若检查出应立即整改,然后才能试车。

(16) 合上空气开关 QF 后,按下 SB_1 起动按钮,观察接触器情况是否正常,是否符合线路功能要求;观察电气元件动作是否灵活,有无卡阻及噪声过大等现象;观察电动机运行是否正常等。但不得对线路接线是否正常进行带电检查。观察过程中,若有异常现象应马上停车。当电动机运转平稳后,可以用钳形电流表测量三相电流是否平衡。

(17) 当出现故障后,应立即切断电源,检查排除故障后再上电。

(18) 通电试车完毕,电动机停止运转后,切断电源;先拆除三相电源线,再拆除电动机连接电线。

5. 注意事项

在实际维修工作中应注意以下5方面。

(1) 在排除故障的过程中,分析故障、排除故障的思路和方法要正确。

(2) 用测电笔检测故障时,必须检查测电笔是否符合使用要求。

(3) 不能随意更改线路,也不能带电触摸元器件。

(4) 仪表使用要正确,以防止引起错误判断。

(5) 带电检修故障时,必须有人现场监护,并确保用电安全。

5.3.6 三相异步电动机自锁控制电路

1. 实训目的

(1) 通过实践训练,熟悉热继电器的结构、原理和使用方法。

(2) 通过实践训练,掌握具有过载保护的接触器自锁电路安装接线与检测。

(3) 掌握使用万用表检测、分析和排除故障。

2. 电路原理图

在点动控制电路中,要使电动机转动,就必须按住按钮不放;而在实际生产中,有些电动机需要长时间连续运行,使用点动控制是不现实的,这就需要具有接触器自锁的控制电路。图 5-10 为具有过载保护的三相异步电动机自锁控制电路原理图。

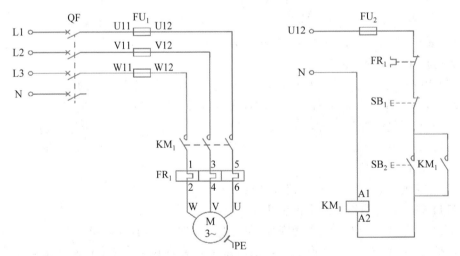

图 5-10　三相异步电动机自锁控制电路原理图

相对于点动控制,自锁控制的自锁触头必须是常开触头且与起动按钮并联。因电动机是连续工作的,必须加装热继电器以实现过载保护。它与点动控制电路的不同之处在于控制电路中增加了一个停止按钮 SB_1,在起动按钮的两端并联了一对交流接触器的常闭触头,增加了热继电器 FR_1 的过载保护装置。

电路的工作过程:当按下起动按钮 SB_2 时,控制电路导通,接触器 KM_1 线圈通电,主触头闭合,电动机 M 起动旋转,同时,KM_1 辅助常开触头闭合;当松开起动按钮时,电动机不会停转,因为这时,接触器 KM_1 线圈可以通过辅助触头继续维持通电,保证主触头 KM_1 仍处在接通状态,电动机 M 就不会失电停转。这种松开按钮仍然自行保持线圈通电的控制电路叫作具有自锁(或自保)的接触器控制电路,简称自锁控制电路。与 SB_2 并联的接触器常开触头称为自锁触头。当按下停止按钮 SB_1 后,控制电路断开,KM_1 线圈失电,主触头断开,电动机停止旋转。

(1) 欠电压保护。欠电压是指电路电压低于电动机应加的额定电压。这样的后果是电动机转矩降低,转速随之下降,会影响电动机的正常运行,欠电压严重时会损坏电动机,发生事故。在具有接触器自锁的控制电路中,当电动机运转时,电源电压降低到一定值时(一般低到 85% 额定电压),由于接触器线圈磁通减弱,电磁吸力克服不了反作用弹簧的压力,动铁芯因而释放,从而使接触器主触头分开,自动切断主电路,电动机停转,达到欠电压保护的作用。

(2) 失电压保护。当生产设备运行时,由于其他设备发生故障,引起瞬时断电,而使生产机械停转。当故障排除后,恢复供电时,由于电动机重新起动,很可能引起设备与人身事故的发生。采用具有接触器自锁的控制电路时,即使电源恢复供电,由于自锁触头仍然保持断开,接触器线圈不会通电,所以电动机不会自行起动,从而避免了可能出现的事故。这种保护称为失电压保护或零电压保护。

(3) 过载保护。具有接触器自锁的控制电路虽然有短路保护、欠电压保护和失电压保护的作用,但实际使用中还不够完善。因为电动机在运行过程中,若长期负载过大、操作频繁或三相电路断掉一相运行等原因,都可能使电动机的电流超过它的额定值。有时 3P 熔断器在这种情况下尚不会熔断,这将会引起电动机绕组过热,损坏电动机绝缘。因此,应对电动机设置过载保护,通常由三相热继电器来完成。

3. 实训所需电气元件明细表

表 5-7 是三相异步电动机自锁控制电路连接所需的电气元件明细表。

表 5-7 电气元件明细表

文字符号	名称	数量	备注
QF	空气开关	1	
KM_1	交流接触器	1	
FR_1	热继电器	1	
SB	按钮	2	
M	三相笼型异步电动机	1	
FU_1	3P 熔断器	1	
FU_2	1P 熔断器	1	

4. 实训接线

按电气元件明细表(见表 5-7)、电路原理图(见图 5-10),在挂板上选择 3P 熔断器 FU_1、空气开关 QF 等元件,然后进行接线,接动力线时用红蓝黄色线,控制电路用红蓝色线或者红黑色线。使用符合电流电压标准接动力线和控制线。

5. 检查与调试

检查接线无误后,接通交流电源,"合"上开关 QF,按下 SB_2,电动机应起动并连续转动,按下 SB_1 电动机应停转。若按下 SB_2 电动机起动运转后,电源电压降到 320V 以下或电源断电,则接触器 KM_1 的主触头会断开,电动机停转。再次恢复电压为 380V(允许±10%的波动),电动机应不会自行起动——具有欠压或失压保护。

如果电动机转轴卡住而接通交流电源,则在几秒内热继电器应动作断开加在电动机上的交流电源(注意不能超过 10s,否则电动机过热会冒烟导致损坏)。

5.3.7 按钮联锁的三相异步电动机正反转控制电路

1. 实训目的

(1) 通过实践训练,熟悉热继电器的结构、原理和使用方法。
(2) 通过实践训练,掌握按钮联锁的三相异步电动机正反转控制电路的安装与布线。
(3) 掌握使用万用表检测、分析和排除故障。

2. 电路原理图

图 5-11 为按钮联锁的三相异步电动机正反转控制电路原理图。

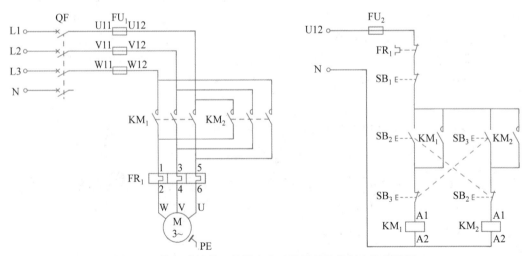

图 5-11 按钮联锁的三相异步电动机正反转控制电路原理图

电路的工作过程:按下 SB_2 时,控制回路导通,KM_1 线圈得电,KM_1 主触头闭合,KM_1 辅助常开触头自锁闭合,电动机正转。当需要改变电动机的转向时,只要直接按反转按钮就可以了,不必先按停止按钮。这是因为如果电动机已按正转方向运转时,线圈是通电的。这时,如果按下按钮 SB_3,按钮串联在 KM_1 线圈回路中的常闭触头首先断开,将 KM_1 线圈回路断开,相当于按下停止按钮 SB_1 的作用,使电动机停转,随后 SB_3 的常开触头闭合,接通线圈 KM_2 的回路,使电源相序相反,电动机即反向旋转。同样,当电动机已反向旋转时,若按下 SB_2,电动机就先停转后正转。该线路是利用按钮动作时,常闭触头先断开、常开触头后闭合的特点来保证 KM_1 与 KM_2 不会同时通电,由此来实现电动机正反转的联锁控制。所以 SB_2 和 SB_3 的常闭触头也称联锁触头。

3. 实训所需电气元件明细表

表 5-8 是按钮联锁的三相异步电动机正反转控制电路所需的电气元件明细表。

表 5-8 电气元件明细表

文字符号	名 称	数 量	备 注
QF	空气开关	1	
KM_1、KM_2	交流接触器	2	
FR_1	热继电器	1	
SB	按钮	3	
M	三相笼型异步电动机	1	
FU_1	3P熔断器	1	
FU_2	1P熔断器	1	

4. 检查与调试

确认接线正确后,接通交流电源,按下 SB_2,电动机应正转;按下 SB_3,电动机应反转;按下 SB_1,电动机应停转。若不能正常工作,则应分析并排除故障。

5.3.8 接触器联锁的三相异步电动机正反转控制电路

1. 实训目的

(1) 通过实践训练,熟悉接触器的结构、原理和使用方法。

(2) 通过实践训练,掌握接触器联锁的三相异步电动机正反转控制电路的安装与布线。

(3) 掌握使用万用表检测、分析和排除故障。

2. 电路原理图

图 5-12 为接触器联锁的三相异步电动机正反转控制电路原理图。

电路的动作过程如下。

(1) 正转控制:合上(空气开关)QF,按正转起动按钮 SB_2,正转控制回路接通,KM_1 的线圈通电动作,其常开触头闭合自锁、常闭触头断开对 KM_2 的联锁控制,同时主触头闭合,主电路按 U13、V13、W13 相序接通,电动机正转。

(2) 反转控制:要使电动机改变转向(即由正转变为反转),应先按下停止按钮 SB_1,使正转控制电路断开,电动机停转,然后才能使电动机反转。因为反转控制回路中串联了正转接触器 KM_1 的常闭触头,当 KM_1 通电工作时,它是断开的,若这时直接按反转按钮

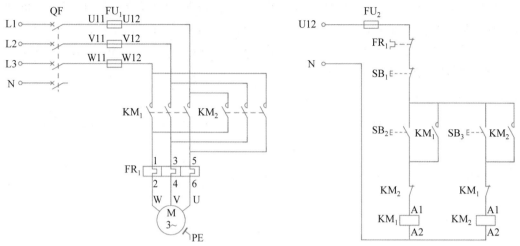

图 5-12 接触器联锁的三相异步电动机正反转控制电路原理图

SB_3,反转接触器 KM_2 无法通电,电动机也就得不到电源,故电动机仍然处于正转状态,不会反转。电动机停转后按下 SB_3,反转接触器 KM_2 通电动作,主触头闭合,主电路按 W13、V13、U13 相序接通,电动机的电源相序改变了,故电动机反向旋转。

接触器联锁的三相异步电动机正反转控制电路的接线较为复杂,特别是按钮使用较多。在电路中,两处主触头的接线必须保证相序相反,联锁触头必须保证常闭互串,按钮接线必须正确、可靠、合理。

3. 实训所需电气元件明细表

表 5-9 是接触器联锁的三相异步电动机正反转控制电路所需电气元件明细表。

表 5-9 电气元件明细表

文字符号	名 称	数 量	备 注
QF	空气开关	1	
KM_1、KM_2	交流接触器	2	
FR_1	热继电器	1	
SB	按钮	3	
M	三相笼型异步电动机	1	
FU_1	3P 熔断器	1	
FU_2	1P 熔断器	1	
KM	辅助触头	2	

4. 检查与调试

检查接线无误后,可接通交流电源,合上空气开关 QF,按下 SB_2,电动机应正转(电动机右侧的轴伸端为顺时针转,若不符合转向要求,可停机,换接电动机定子绕组任意两个接线即可)。按下 SB_3,电动机仍应正转。如要电动机反转,应先按 SB_1,使电动机停转,然后再按 SB_3,则电动机反转。若不能正常工作,应切断电源分析并排除故障,使线路能正常工作。

5.3.9 双重联锁的三相异步电动机正反转控制电路

1. 实训目的

(1) 通过实践训练,熟悉接触器的结构、原理和使用方法。

(2) 通过实践训练,掌握双重联锁的三相异步电动机正反转控制电路的安装与布线。

(3) 掌握使用万用表检测、分析和排除故障。

2. 电路原理图

图 5-13 为双重联锁的三相异步电动机正反转控制电路。

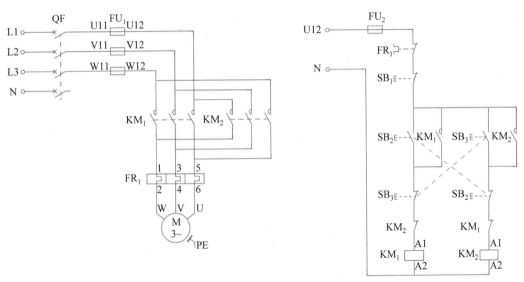

图 5-13 双重联锁的三相异步电动机正反转控制电路

电路工作过程:合上空气开关 QF,电源引入,按下 SB_2 正转起动按钮,其动断触头先断开反转电路实现按钮联锁。其动合触头闭合,KM_1 线圈通电,KM_1 动断辅助触头先断开反转电路实现接触器联锁。KM_1 动合辅助触头、KM_1 主触头同时闭合实现自锁,电动机通电正转;直接按下 SB_3 反转起动按钮,电动机直接进入反转工作,原理与正转工作相同;按下 SB_1 停止按钮,电动机可停止运转。

接触器、按钮双重联锁的三相异步电动机正反转控制电路克服了接触器联锁正反转控制电路,正反切换时需按下停止按钮操作不便的缺点,集中了按钮联锁和接触器联锁的优点,具有操作方便和安全可靠等优点,为电力拖动设备中所常用。

3. 实训所需电气元件明细表

表 5-10 是双重联锁的三相异步电动机正反转控制电路所需电气元件明细表。

表 5-10　电气元件明细表

文字符号	名　　称	数　量	备　注
QF	空气开关	1	
KM_1、KM_2	交流接触器	2	
FR_1	热继电器	1	
SB	按钮	3	
M	三相笼型异步电动机	1	
FU_1	3P 熔断器	1	
FU_2	1P 熔断器	1	
KM	辅助触头	2	

4. 检查与调试

确认接线正确后,接通交流电源,按下 SB_2,电动机应正转;按下 SB_3,电动机应反转;按下 SB_1,电动机应停转。若不能正常工作,则应分析并排除故障。

第二部分 电子实训

本部分为电子实训,主要介绍常用电子元器件识别检测、常用电子仪器仪表的使用,以及焊接的基本工具、材料和基本方法。针对实际应用的要求,开发设计了多个基础性和综合性的实验。通过本部分的学习,学生可以掌握基本操作规程和仪器设备使用方法,学会分析、处理、总结实验数据,达到掌握实验技能的目的。

第6章

常用电子元器件识别检测

6.1 电阻

6.1.1 电阻定义

电阻的英文名称为 resistance，通常缩写为 R。它是导体的一种基本性质，与导体的尺寸、材料、温度有关。欧姆定律指出电压、电流和电阻三者之间的关系为 $I=U/R$，即 $R=U/I$。电阻的基本单位是欧姆，用希腊字母 Ω 表示。电阻单位欧姆的定义：导体上加上 1V 电压时，产生 1A 电流所对应的阻值。

6.1.2 电阻标法

1. 直标法

用数字和单位符号在电阻表面标出标称阻值，其允许误差直接用百分数表示，若电阻上未标注误差，则均为±20%。

2. 文字符号法

用阿拉伯数字和文字符号二者有规律的组合来表示标称阻值，其允许误差也用文字符号表示。文字符号前面的数字表示整数阻值，后面的数字依次表示第一位小数阻值和第二位小数阻值。表示允许误差特定的文字符号为 D、F、G、J、K、M，它们对应的允许误差分别为±0.5%、±1%、±2%、±5%、±10%、±20%。

3. 数码法

在电阻上用三位数码表示标称阻值的标识方法。数码从左到右，第一、二位为有效值，第三位为指数，即 0 的个数，单位为 Ω。例如，472 表示 4700Ω，即 4.7kΩ。

4. 色标法

用不同颜色的环带或点在电阻表面标出标称阻值和允许误差。色环颜色代表的数字：棕(1)、红(2)、橙(3)、黄(4)、绿(5)、蓝(6)、紫(7)、灰(8)、白(9)、黑(0)、金(±5%)、银(±10%)，具体如图 6-1 所示。

棕	红	橙	黄	绿	蓝	紫	灰	白	黑	金	银
1	2	3	4	5	6	7	8	9	0	±5%	±10%

图 6-1　色环颜色代表的数字

色环颜色代表的倍率：棕(10)、红(100)、橙(1k)、黄(10k)、绿(100k)、蓝(1M)、紫(10M)、灰(100M)、白(1000M)、黑(1)、金(0.05)、银(0.1)；色环颜色代表的允许误差等级：金(±5%)、银(±10%)、棕(±1%)、红(±2%)、绿(±0.5%)、蓝(±0.25%)、紫(±0.1%)、灰(±0.05%)、无色(±20%)。

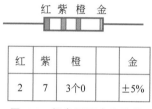

红	紫	橙	金
2	7	3个0	±5%

图 6-2　橙色四环电阻读数

色环含义：前面的环依次是有效数字，最后一环是允许误差，最后一环的前一环为乘方数。误差环与其前一环距离比其他相邻间距大一些。例如，当电阻为四环时，前两环为有效数字，第三环为乘方数，第四环为误差，如图 6-2 所示。

该电阻的阻值为"27"后面添加"3 个 0"，即 27 000Ω，允许误差为±5%。如果第三环是棕色，如图 6-3 所示，则该电阻的阻值为"22"后面添加"1 个 0"，即 220Ω，允许误差为±5%。

实际上，第三环用数学形式表达就是 10 的 N 次方的倍率，前面的两种情况可分别写作 $27×10^3=27\ 000$ 和 $22×10^1=220$。

当电阻为五环时，前三环为有效数字，第四环为乘方数，第五环为允许误差。现在市场上逐步以五环为主，而且第五环允许误差的表示方法目前实际使用和过去有关规定不同，一般用棕色表示允许误差为±1%。如图 6-4 所示，该电阻的阻值为"200"后面添加"3 个 0"，即 200 000Ω，允许误差为±1%。

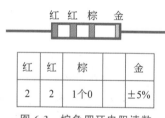

红	红	棕	金
2	2	1个0	±5%

图 6-3　棕色四环电阻读数

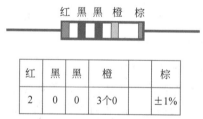

红	黑	黑	橙	棕
2	0	0	3个0	±1%

图 6-4　橙色五环电阻读数

6.1.3　色环电阻识别技巧

色环电阻是应用于各种电子设备最多的电阻类型，无论怎样安装，维修者都能方便地读出其阻值，便于检测和更换。但在实践中发现，有些色环电阻的排列顺序不明，往往容易读错，在识别时，可运用如下技巧判断。

1. 先找标识允许误差的色环，排定色环顺序

最常用的表示电阻误差的颜色是金、银、棕，尤其是金环和银环，一般极少用作电阻色环的第一环，所以在电阻上只要有金环和银环，就可以基本认定这是色环电阻的最末一环。

2. 确定棕色环是不是允许误差标识

棕色环既常作为允许误差环,又常作为有效数字环,且常常在第一环和最末一环中同时出现,使人很难识别谁是第一环。在实践中,可以按照色环之间的间隔加以判别:如对于一个五环的电阻,第五环和第四环之间的间隔比第一环和第二环之间的间隔要宽一些,据此可判定色环的排列顺序。

3. 利用电阻生产序列值加以判别

例如,有一个电阻的色环读序:棕、黑、黑、黄、棕,其值为 $100×10\,000Ω=1MΩ$,允许误差为 $±1\%$,属于正常的电阻系列值,若是反顺序读:棕、黄、黑、黑、棕,其值为 $140×1Ω=140Ω$,允许误差为 1%。显然按照后一种排序读出的阻值,在电阻的生产系列中是没有的,故后一种色环顺序是不对的。

6.2 电容

6.2.1 电容简介

电容是指一种存储电荷和能量的元件,它的单位是法拉(F)。电容元件由两个导体板和介质组成,介质可以是空气、瓷片、塑料等材料。两个导体板之间的介质越薄,电容的存储能力就越大。电容的存储能力也与两个导体板的面积和距离有关,即电容的大小与两个导体板的面积成正比,与两个导体板的距离成反比。电容的存储能量可以表示为 $W=1/2CV^2$,其中 C 是电容的电容量,V 是电容的电压。电容元件的图形符号是一个两端平行的线条。

6.2.2 电容标法

电容通常在电容的外壳上使用标识符号进行标识,常见的电容标识方法有以下 4 种。

1. 数码法

数码法一般使用三位数码表示电容值,单位皮法(pF)。其中,前两位数码为电容值的有效数字,第三位为倍乘率(方数)。例如,101 表示 $10×10^1=100pF$,103 表示 $10×10^3=0.01μF$,223 表示 $22×10^3=0.022μF$。

2. 字母法

字母法使用字母来表示电容值,单位为微法($μF$)或皮法(pF)。常用的字母:n 表示纳法(nF)、u 表示微法($μF$)和 p 表示皮法(pF)。例如,一个电容上标有字母 100n,表示其电容值为 100nF。

3. 色标法

色标法使用不同颜色的环带来表示电容值和允许误差,单位为皮法(pF)。通常,一个环表示一个数字,其中第一环和第二环表示前两位数字,第三环表示乘方数,第四环表示电容的允许误差。色环颜色代表的数字、倍率和允许误差同电阻(见 6.1.2 节)。例如,一个有红色环、黄色环、橙色环和银色环的电容表示其电容值为 $24×10^3pF$,允许误差为

±10%。

4. 字母和数字混合法

字母和数字混合法是一种结合了字母和数字的标识方法,用于表示较大或较小的电容值。例如,一个电容上标注字母 4u7 表示其电容值为 4.7 微法(μF)。

需要注意的是,不同类型的电容可能使用不同的标识方法,需根据具体的电容型号和规格来确定其标识方法。

6.2.3 电容分类

按电容的材料和设计,一般有无极性电容和极性电容两类。无极性电容比较常见但是相对较贵,电荷容量通常较小,电容引脚无极性限制,如图 6-5 所示。

一般来说,低于 $1\mu F$ 的低值电容大多数是无极性的,具有 $1\mu F$ 或更大电容值的电容几乎都有正负极。常见的极性电容有铝电解电容、钽电解电容等,电解电容容量一般相对较大。当电极相反时极性电容能够承受一定的反向电压,但是设计电路时应该尽量避免出现这样的情况,或换上无极性电容,极性电容的实物如图 6-6 所示,其长引脚表示正极,短引脚表示负极,有阴影部分的一端也表示负极。

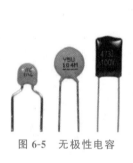

图 6-5 无极性电容

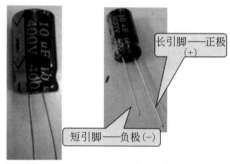

图 6-6 极性电容

6.2.4 电容功能

电容具有以下多种重要的用途。

(1) 能量存储:电容可以存储电荷,当电荷通过电容放电时,它会释放存储在内部的电能。这种能量存储的作用使得电容在电路中可以作为能量存储元件使用。

(2) 直流通路的隔离作用:电容可以隔离直流电流,将直流电路分隔。这意味着在一个直流电路中,可以使用电容来隔离两个电路分支,以防止它们之间相互干扰。

(3) 交流通路的导通作用:电容可以导通交流电流。由于电容具有阻抗,它会对交流电流施加阻力,但仍然允许交流电流通过。这使得电容可以在交流电路中起到导通信号的作用。

(4) 滤波器电路中起着重要作用:由于电容对交流电流有阻抗,当交流信号通过电容时,它会阻止低频信号通过,只允许高频信号通过。这使得电容可以用来滤除电路中的杂波和噪声。

(5) 耦合和解耦不同的电路：耦合电容可以将一个电路的输出信号传送到另一个电路中，而解耦电容可以消除电路之间的相互影响。

(6) 单相感应电动机的起动器：由于单相感应电动机只能通过产生辅助相位起动，使用一个起动电容可以帮助产生所需的相位。

(7) 控制时序：在时序电路中，电容可以用作延迟元件，根据电容的大小决定信号延迟的时间。

总的来说，电容是电子电路中不可或缺的元件，它具有存储能量、隔离直流电流、导通交流电流、滤波、耦合和解耦等多种重要的用途。

6.3 电感

6.3.1 电感简介

电感在电路中常用 L 加数字表示，如 L_6 表示编号为 6 的电感，单位为亨利（H）。电感线圈是将绝缘的导线在绝缘的骨架上绕一定的圈数制成。直流可通过线圈，直流电阻就是导线本身的电阻，压降很小；当交流信号通过线圈时，线圈两端将会产生自感电动势，自感电动势的方向与外加电压的方向相反，阻碍交流的通过。所以电感的特性是通直流阻交流，频率越高，线圈阻抗越大。电感在电路中可与电容组成振荡电路。

电感不存在极性，所以相对来说较为简单。在交流电路中，两股绕线不一的电感彼此靠近可以组成一个变压器，电感的实物如图 6-7 所示。

图 6-7　电感的实物

6.3.2 电感标法

电感一般有数字法和色标法两种标识方法，单位为微亨（μH）。色标法是一种直观的方法，颜色环带通常标在电感的一端或两端。颜色环带由几个不同颜色、不同宽度的圆环组成。根据颜色环带上圆环颜色和位置的不同，可以确定电感值和允许误差。例如，在国际标准中，一个由棕、黑、红、金表示的颜色环带代表着 1000μH 的电感值，允许误差为

±5%；而一个由绿、蓝、紫、棕、灰表示的颜色环带代表着5670H的电感值，允许误差范围为±0.05%。除了色标法，还有一种是数字法。数字标识法是用数字直接表示电感值。例如，一个1.5H的电感标识代表的是一个1.5亨利的电感。

6.3.3 电感的应用

电感的应用非常广泛，主要包括以下6方面。

（1）滤波器：利用电感的阻抗随着频率的增加而增加的特性，电感可以用于滤除电路中的高频噪声或干扰。

（2）振荡器：由于电感可以阻止电流的变化，它可以与电容一起用于产生振荡信号。

（3）变压器：利用电感的电磁感应原理，可以将一个电压转换为另一个电压，或实现电流的缩放。

（4）传感器：某些类型的传感器利用电感来检测物理量，如压力、位移或速度。

（5）电动机和发电机：在电动机和发电机中，电感与绕组中的电流相互作用产生转矩，从而驱动电动机或产生电能。

（6）无线充电：在无线充电系统中，电感用于传输能量，通过磁场耦合将电能从充电座传输到接收器。

6.4 半导体二极管

6.4.1 二极管简介

半导体二极管（简称二极管）在电路中常用D加数字表示，如D5表示编号为5的二极管。二极管的主要特性是单向导电性：在正向电压作用下，导通电阻很小；在反向电压作用下，导通电阻极大或无穷大。正因为二极管具有上述特性，电路中常把它用在整流、隔离、稳压、极性保护、编码控制、调频调制和静噪等电路中。常见的二极管有以下3种：稳压二极管，具有稳定电压的作用，其实物如图6-8所示；整流二极管，用于将交流电转换为直流电，其实物如图6-9所示；发光二极管，常用于显示器件，其实物如图6-10所示。

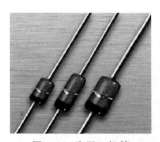

图6-8 稳压二极管

图6-9 整流二极管

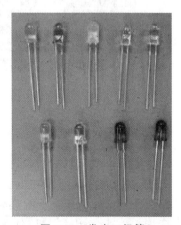

图6-10 发光二极管

6.4.2 二极管特性

二极管最重要的特性就是单向导电性。在电路中,电流只能从二极管的正极流入,负极流出。

1. 正向特性

在电子电路中,将二极管正极接在高电位端,负极接在低电位端,二极管就会导通,这种连接方式,称为正向偏置。必须说明,当加在二极管两端的正向电压很小时,二极管仍然不能导通,流过二极管的正向电流十分微弱;只有当正向电压达到某一数值(这一数值称为门槛电压(又称死区电位),锗管约为 0.2V,硅管约为 0.6V)以后,二极管才能真正导通。导通后二极管两端电压基本上保持不变(锗管约为 0.3V,硅管约为 0.7V),称为二极管的正向压降。

2. 反向特性

在电子电路中,二极管的正极接在低电位端,负极接在高电位端,此时二极管中几乎没有电流流过,二极管处于截止状态,这种连接方式称为反向偏置。二极管处于反向偏置时,仍然会有微弱的反向电流流过,称为漏电流。当二极管两端的反向电压增大到某一数值时,反向电流会急剧增大,二极管将失去单方向导电特性,这种状态称为二极管的击穿。

3. 伏安特性

二极管由一个 PN 结构成,具有单向导电性。当外加正向电压小于 U_{th} 时,外电场不足以克服 PN 结的内电场对多子扩散运动造成的阻力,正向电流几乎为 0,二极管呈现为一个大电阻,好像有一个门槛,因此将电压 U_{th} 称为门槛电压。在室温下硅管 $U_{th} \approx 0.5V$,锗管 $U_{th} \approx 0.1V$。当外加正向电压大于 U_{th} 后,PN 结的内电场大为削弱,二极管的电流随外加电压增加而显著增大,电流与外加电压呈指数关系。实际电路中二极管导通时的正向压降硅管为 0.6~0.8V,锗管为 0.1~0.3V。因此,工程上定义这一电压为导通电压,用 $U_D(on)$ 表示,当 $u_D > U_D(on)$ 时,二极管导通,i_D 有明显的数值;当 $u_D < U_D(on)$ 时,i_D 很小,二极管截止。工程上,一般取硅管 $U_D(on) = 0.7V$,锗管 $U_D(on) = 0.2V$。

二极管电流 i_D 随外加二极管两端电压 u_D 作用而变化的规律,称为二极管的伏安特性曲线,如图 6-11 所示。

二极管两端加上反向电压时,反向饱和电流 I_S 很小(室温下,小功率硅管的反向饱和电流 I_S 小于 $0.1\mu A$,锗管为几十微安)。当加于二极管两端的反向电压增大到 $U(BR)$ 时,二极管的 PN 结被击穿,此时反向电流随反向电压的增大而急剧增大,$U(BR)$ 称为反向击穿电压。

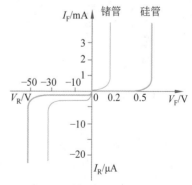

图 6-11 二极管的伏安特性曲线

6.4.3 二极管识别方法

二极管的识别很简单,小功率二极管的 N 极(负极),在二极管外表大多采用一种色圈标出,有些二极管也用二极管专用符号来表示 P 极(正极)或 N 极(负极),也有采用符号标志 P、N 确定二极管极性。在图 6-12 中,二极管涂颜色的一极为负极。发光二极管的正负极可从引脚长短来识别,长脚为正,短脚为负。用数字万用表去测二极管时,数字万用表打到二极管挡,将万用表的红表笔接二极管的一极,黑(COM)表笔接另一极。在测得正向压降值小的情况下,红表笔(表内电池的正极)所接的是正极,黑表笔所接是负极。一般,所显示的二极管正向压降:硅管为 0.55~0.7V,锗管为 0.15~0.3V。若显示 0000,则说明二极管已短路;若显示过载,则说明二极管内部开路处于反向状态(可对调表笔再测)。

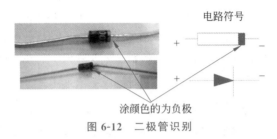

图 6-12 二极管识别

6.5 半导体三极管

6.5.1 三极管简介

半导体三极管(简称三极管或晶体管)是一种很常用的控制和驱动器件,在数字电路和模拟电路中都有大量的应用,常用的三极管根据材料分为硅管和锗管两种,原理相同,压降略有不同。硅管用的较普遍,而锗管应用较少。几种常见的三极管外形如图 6-13 所示。

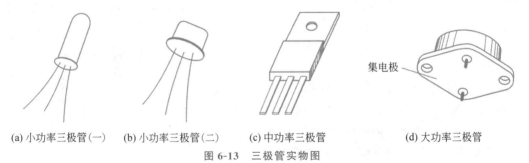

(a) 小功率三极管(一)   (b) 小功率三极管(二)   (c) 中功率三极管   (d) 大功率三极管

图 6-13 三极管实物图

三极管有两种类型,分别是 PNP 型和 NPN 型。图 6-14(a)为 NPN 三极管图形符号。该三极管一共有 3 个极,横向左侧的引脚叫作基极(base);中间有一个箭头,一头连接基极,另一头连接发射极 e(emitter);剩下的一个引脚为集电极 c(collector)。图 6-14(b)为 PNP 型三极管图形符号,其分析方法与 NPN 型三极管相同。这两种类型的三极管在工作特性上可互相弥补。

三极管引脚的排列方式具有一定的规律,对于国产中小功率塑封三极管,使其平面朝外,半圆形朝内,三个引脚朝下放置,则从左到右依次为 e、b、c,其引脚识别图如图 6-15 所示。

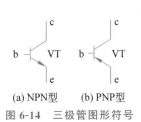

(a) NPN型　(b) PNP型

图 6-14　三极管图形符号

1—发射极；2—基极；3—集电极。

图 6-15　三极管引脚图

6.5.2　三极管特性

1. 电流放大作用

三极管具有电流放大作用,其实质是三极管能以基极电流微小的变化量来控制集电极电流较大的变化量,这是三极管最基本和最重要的特性。将 $\Delta I_c / \Delta I_b$ 的比值称为三极管的电流放大倍数,用符号 β 表示。

2. 三种工作状态

1) 截止状态

当加在三极管发射结的电压小于 PN 结的导通电压时,基极电流、集电极电流和发射极电流都为 0,三极管失去了电流放大作用,集电极和发射极之间相当于开关的断开状态,这时三极管处于截止状态。

2) 放大状态

当加在三极管发射结的电压大于 PN 结的导通电压,并处于某一恰当的值时,三极管的发射结正向偏置,集电结反向偏置,基极电流对集电极电流起控制作用,使三极管具有电流放大作用,其电流放大倍数 $\beta = \Delta I_c / \Delta I_b$,这时三极管处于放大状态。

3) 饱和导通状态

当加在三极管发射结的电压大于 PN 结的导通电压,并当基极电流增大到一定程度时,集电极电流不再随着基极电流的增大而增大,而是稳定地维持在某一定值附近,三极管失去电流放大作用,集电极与发射极之间的电压很小,集电极和发射极之间相当于开关的导通状态,这时三极管处于饱和导通状态。

3. 输入特性

输入特性描述的是三极管基极电流 I_B 与基极和发射极两端电压 U_{BE} 之间的关系,如图 6-16 所示。

(1) 当 $U_{BE} <$ 门槛电压时,发射结截止,基极电流 I_B 约为 0。

(2) 当 $U_{BE} \geqslant 0.5\text{V}$ 时,发射结导通,形成基极电流 I_B。U_{BE} 越大,I_B 越大;U_{BE} 越小,I_B 越小。

(3) 发射结也不能加过高的正向电压,否则将因 I_B 的过大而损坏。

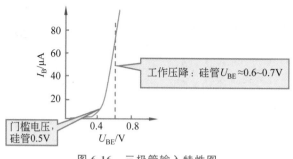

图 6-16　三极管输入特性图

4. 输出特性

输出特性描述的是三极管集电极和发射极两端电压 U_{CE} 和集电极电流 I_C 之间的关系,如图 6-17 所示。

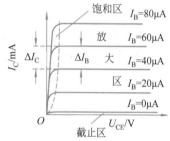

图 6-17　三极管输出特性图

1) 截止区条件：发射结反向偏置,集电结反向偏置。

(1) 发射结反向偏置截止,基极电流 I_B 为 0,集电极电流 $I_C \approx 0$。此时的集电极电流 I_C 为三极管的穿透电流,记作 I_{CEO},该电流越小,三极管质量越好。

(2) 由于集电极电流 I_C 不能通过三极管,所以三极管内阻可以看作无穷大,即 $R_K \approx \infty$,相当于开关断开。

(3) NPN 管截止时,集电极电位 $U_C \approx$ 电源电位 U_{CC}。

2) 放大区条件：发射结正向偏置,集电结反向偏置。

(1) 发射结正向偏置导通,U_{BE} 变化使基极电流变化,集电极电流有更大变化,且集电极电流的变化量是基极的 β 倍,有电流放大作用。

(2) 由于集电极电流 I_C 受基极电流 I_B 控制,因此三极管内阻可以看作一个可变电阻。

3) 饱和区条件：发射结正向偏置,集电结正向偏置。

(1) 发射结正向偏置导通,基极电流很大,集电极电流更大,并到极限。此时集电极电流不再受控于基极电流,三极管饱和。

(2) 由于集电极电流 I_C 增大到极限,所以三极管内阻减小到最小值,$R_K \approx 0$,相当于开关闭合。

(3) 当 $U_{CE} = U_{BE}$ 时,达到临界饱和状态；当 $U_{CE} < U_{BE}$ 时,为过饱和状态。

(4) NPN 管饱和时,$U_C \approx U_E \approx 0$。

6.5.3　三极管极性检测

(1) 万用表置于二极管量程,红表笔接一极,黑表笔分别接另两极。若两次均通,则红表笔接的为基极,数值大的为发射极,数值小的为集电极。该管为 NPN 型三极管。

(2) 万用表置于二极管量程,黑表笔接一极,红表笔分别接另两极。若两次均通,则黑表笔接的为基极,数值大的为发射极,数值小的为集电极。该管为PNP型三极管。具体测量电路图如图6-18所示。

6.5.4 分压式偏置放大电路

1. 分压式偏置放大电路组成

由三极管构成的分压式偏置放大电路如图6-19所示。T为放大管;R_{b1}、R_{b2}为偏置电阻,R_{b1}、R_{b2}组成分压式偏置电路,将电源电压V_{CC}分压后加到三极管的基极;R_e是发射极电阻,还是负反馈电阻;C_e是旁路电容与三极管的发射极电阻R_e并联,C_e的容量较大,具有隔直、导交的作用,使此电路有直流负

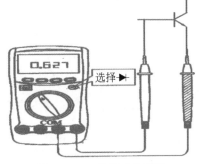

图6-18 三极管极性测量

反馈而无交流负反馈,既保证了静态工作点的稳定性,又保证了交流信号的放大能力没有降低。

2. 稳定静态工作点原理

分压式偏置放大电路的直流通路如图6-20所示。当温度升高,随着I_C升高,I_E也会升高,电流I_E流经发射极电阻R_e产生的压降U_E也升高。又因为$U_{BE}=U_B-U_E$,如果基极电位U_B是恒定的,且与温度无关,则U_{BE}会随U_E的升高而减小,I_B也随之自动减小,结果使集电极电流I_C减小,从而实现I_C基本恒定的目的。静态工作点稳定过程为

$$T(℃)\uparrow \rightarrow I_C\uparrow \rightarrow U_E\uparrow \rightarrow U_{BE}\downarrow (U_B\text{基本不变}) \rightarrow I_B\downarrow \rightarrow I_C\downarrow$$

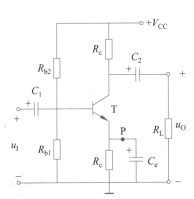

图6-19 分压式偏置放大电路

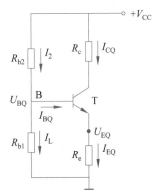

图6-20 分压式偏置放大电路的直流通路

要实现上述稳定过程,首先必须保证基极电位U_B恒定。由图6-20可见,合理选择元件,使流过偏置电阻R_{b1}的电流I_1比三极管的基极电流I_B大很多,则V_{CC}被R_{b1}、R_{b2}分压得三极管的基极电位U_{BQ}为

$$U_{BQ} \approx \frac{R_{b1}}{R_{b1}+R_{b2}} \cdot V_{CC} \tag{6-1}$$

在分压式偏置放大电路中,采用了电流负反馈,反馈元件为R_e。这种负反馈在直流条件下起稳定静态工作点的作用,但在交流条件下影响其动态参数,为此在该处并联一个较大容量的电容C_e,使R_e在交流通路中被短路,不起作用,从而免除了R_e对动态参数的

影响。

3. 电路定量分析

1）静态分析

$$U_{BQ} \approx \frac{R_{b1}}{R_{b1}+R_{b2}} \cdot V_{CC} \tag{6-2}$$

$$I_{EQ} = \frac{U_{BQ}-U_{BEQ}}{R_e} \tag{6-3}$$

$$I_{BQ} = \frac{I_{EQ}}{\beta} \tag{6-4}$$

$$U_{CEQ} = V_{CC}-I_{CQ}R_c-I_{EQ}R_e \approx V_{CC}-I_{EQ}(R_c+R_e) \tag{6-5}$$

2）动态分析

由分压式偏置放大电路图可得微变等效电路如图 6-21 所示。

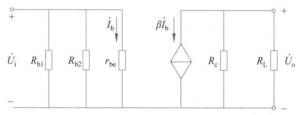

图 6-21　分压式偏置放大电路微变等效电路

$$\dot{A}_u = \frac{\dot{U}_o}{\dot{U}_i} = -\frac{\beta R'_L}{r_{be}} \tag{6-6}$$

$$R_i = R_{b1}//R_{b2}//r_{be} \tag{6-7}$$

$$R_o = R_c \tag{6-8}$$

6.6　集成电路

集成电路（Integrated Circuit,IC）是现代电子技术的重要组成部分,它是将大量的电子元器件（如晶体管、电阻、电容等）集成在一块半导体材料上制成的微型芯片,如图 6-22

图 6-22　集成电路

所示。集成电路的发展极大地推动了电子技术的进步,其广泛应用于计算机、通信、汽车、医疗等领域。集成电路的原理是基于半导体材料的特性,通过电子元器件的布局和相互连接实现功能。半导体材料是一种介于导体和绝缘体之间的材料,其电子流动特性可以被控制。通过控制半导体材料上的电子流动,可以实现逻辑运算、信号放大等功能。

6.6.1 集成电路分类

根据集成电路中电子元器件的连接方式和布局等因素,集成电路可分为多种类型,常见的有模拟集成电路、数字集成电路和混合集成电路。

1. 模拟集成电路

模拟集成电路是利用半导体器件(如二极管、三极管等)来实现对连续信号的处理和控制。它可以放大、滤波、调节和混合各种模拟信号。

2. 数字集成电路

数字集成电路是利用半导体器件(如逻辑门、触发器等)实现对离散信号的处理和控制。它可以进行逻辑运算、存储数据和控制信号的流动。

3. 混合集成电路

混合集成电路是模拟和数字集成电路的结合体,通过将模拟电路和数字电路相互组合,实现更复杂的功能,如模/数转换、数/模转换等。

6.6.2 集成电路发展历程

集成电路的发展经历了 4 个重要的阶段。

1. 小规模集成电路

20 世纪 60 年代,人们开始实现数十个电子元器件的集成,将它们封装在一个芯片中。这些小规模的集成电路主要应用于军事和航空领域。

2. 中规模集成电路

20 世纪 70 年代,随着技术的发展,集成度逐渐提高,人们能够在一个芯片上集成数百个电子元器件。中规模集成电路的应用范围逐渐扩大,开始进入家电、通信等领域。

3. 大规模集成电路

20 世纪 80 年代后期,随着制造工艺的进一步改进,集成电路的规模进一步扩大,数千个乃至数万个电子元器件可以集成在一个芯片中。大规模集成电路的推出极大地推动了计算机的发展,使得计算能力得到了大幅提升。

4. 超大规模集成电路

21 世纪以来,集成度继续提升,成千上万个电子元器件可以集成在一个芯片上。超大规模集成电路的应用更加广泛,涵盖了各个领域,并且具备更高的性能和更低的功耗。

6.6.3 运算放大器

1. 运算放大器简介

运算放大器是一种应用极为广泛的集成电路,用它可以非常方便地实现信号放大、运算、变换等各种处理。在大多数情况下,将运算放大器视为理想运算放大器,就是将运算放大器的各项技术指标理想化,常见的运算放大器电路图形符号有矩形(见图 6-23)和三角形(见图 6-24)两种。

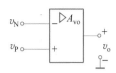
图 6-23 运算放大器国标图形符号

图 6-24 运算放大器常用图形符号

一般采用三角形符号，如图 6-25 所示，对于正号的端子称为同相输入端，常用 v_P 表示它对地的电压；对应的负号端子，称为反相输入端，常用 v_N 表示它的电压；右侧端子称为输出端，v_o 表示输出电压。运算放大器通常没有特定的接地端。同相和反相是指输入输出端信号的相位关系。

运算放大器正常工作时，也一定需要工作电源。所以除了信号输入输出端以外，还必须有两个接工作电源的端子。运算放大器正常工作时，正负电源的连接方式如图 6-26 所示。

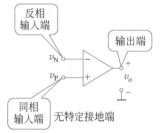
图 6-25 运算放大器端口的意义

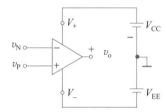
图 6-26 运算放大器正负电源连接方式

2. 运算放大器引脚

图 6-27 是运算放大器 741 双列直插封装芯片，8 个引脚中除了信号输入端、输出端、电源端 5 个引脚外，还有两个运用调零的端子，以及一个空引脚，以满足双列直插偶数引脚的要求。运算放大器 741 双列直插封装芯片引脚位图如图 6-28 所示。

图 6-27 运算放大器 741 双列直插封装芯片

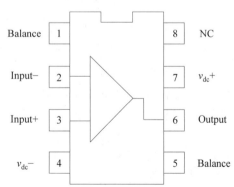
图 6-28 运算放大器 741 双列直插封装芯片引脚位图

3. 运算放大器特性

理想运算放大器在线性应用时的两个重要特性。

1) 输出电压 U_o 与输入电压之间满足关系式
$$U_o = A_{ud}(U_+ - U_-) \tag{6-9}$$
由于差模电压增益 $A_{ud}=\infty$，而 U_o 为有限值，因此，$U_+ - U_- \approx 0$，即 $U_+ \approx U_-$，称为虚短。

2) 由于输入电阻 $r_i = \infty$，故流进运算放大器两个输入端的电流可视为 0，即 $I_B = 0$，称为虚断。这说明运算放大器对其前级吸取电流极小。

上述两个特性是分析理想运算放大器应用电路的基本原则，可以简化电路的运算。

4. 运算放大器理想模型

可以用端口等效模型（理想模型）来描述运算放大器，具体电路如图 6-29 所示，其中 r_i 是输入电阻，r_o 是输出电阻，输出电压受同相端与反相端的电压差控制，A_{vo} 是负载开路时的（开环）电压增益，并且大于 0，可以用电压传输特性来描述运算放大器输出电压与输入电压之间的关系。有 $v_o = A_{vo}(v_P - v_N)$。

当以同相端与反相端输入压差作为横轴，输出电压作为纵轴，运算放大器的电压传输特性曲线大致可以分为 3 段，具体如图 6-30 所示。其中，中间一段直线，反映了运算放大器对输入电压的放大能力，直线的斜率就是电压增益，这个区域也就是运放的线性区。当输入端电压差与电压增益的乘积超过工作电源电压时，输出电压受电源电压的限制，无法继续增加，特性曲线转为水平，这时称运算放大器工作进入饱和区。

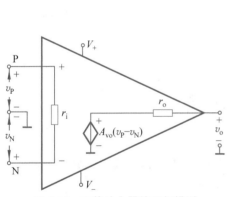

图 6-29 运算放大器的理想模型

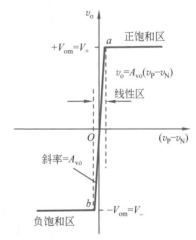

图 6-30 理想运算放大器的电压传输特性曲线

从图 6-30 可以看出，输入电压只有在一定范围内，才能保证运算放大器工作在线性区。运算放大器的电压增益越高，线性区的直线越陡，输入电压的线性范围越小。由于运算放大器的开环电压增益很高，输入电阻很大，输出电阻很小，所以经常将这 3 个参数理想化，即电压增益和输入电阻趋于无穷大，输出电阻趋于 0，从而得到运算放大器的理想模型。满足下列条件的运算放大器称为理想运算放大器。

(1) 开环电压增益 $A_{vo} = \infty$。
(2) 输入电阻 $r_i = \infty$。
(3) 输出电阻 $r_o = 0$。
(4) 带宽 $f_{BW} = \infty$。

(5) 失调与漂移均为 0。

一方面,因为输出电压为有限值,而电压增益趋于无穷大,所以在线性区,两个输入端电压差趋于 0,也就是同相端电压约等于反相端电压,这就是前文提到的虚短;另一方面,由于输入电阻约等于无穷大,所以两输入端的电流也约等于 0,这就是前文提到的虚断。在将运算放大器看成理想运算放大器时,也经常认为它的带宽趋于无穷大,但实际运算放大器的带宽往往是非常有限的,要特别注意,这个指标的理想与现实差异很大。

5. 运算放大器的应用

在实际应用中,线性放大时,都需要引入负反馈。反馈是将输出电量送回到输入的过程,如图 6-31 所示。负反馈将减小原来加到运算放大器输入端的信号,容易满足线性区工作的要求。

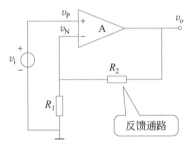

图 6-31 运算放大器应用电路

根据理想运算放大器特性 $v_P \approx v_N$(虚短)以及 $i_P = -i_N = 0$(虚断),可以得到输入输出之间的关系,如式(6-10)所示。

$$v_i = v_P = v_N = \frac{R_1}{R_1 + R_2} \cdot v_o \tag{6-10}$$

$$A_{vo} = \frac{v_o}{v_i} = \frac{R_1 + R_2}{R_1} = 1 + \frac{R_2}{R_1} \tag{6-11}$$

6. 运算放大器总结

(1) 运算放大器是一种增益很高的放大器,其作为一种基本的三端(信号端子)器件,可以实现多种运算功能,如比例、加法、减法、积分和微分等。

(2) 运算放大器的外接端子主要有反相输入端(N)、同相输入端(P)、输出端(O)和电源供给端子 V_+ 和 V_-。

(3) 运算放大器有两个工作区,线性区和非线性区。在线性区,其放大同相输入端与反相输入端之间的差值信号($v_P - v_N$)。运算放大器开环(无负反馈)工作时,很容易进入非线性区,输出电压接近电源电压。

(4) 理想运算放大器具有无穷大的开环电压增益,无穷大的输入电阻和 0 输出电阻,即 $A_{vo} \to \infty$, $r_i \to \infty$, $r_o = 0$。

(5) 通过引入合理的负反馈而使运算放大器稳定工作于线性放大区,此时可以通过虚短和虚断来分析运算放大器构成的线性电路。

第7章 常用电子仪器仪表的使用

7.1 台式万用表

7.1.1 万用表简介

万用表是一种多功能、高精度的电子测量仪器,它广泛应用于电子通信、电力控制、电子工艺、仪表检测、实验室等方面,可以提高该领域的生产力和质量水平,有效减少实验参数的测量误差,大大提高试验的准确性、安全稳定性。

7.1.2 台式万用表概述

与便携式万用表相比,台式万用表有更大的测试范围和更高的准确度,尤其是在电压测量方面,可以测量更高的电压。而且由于相对便携式万用表,台式万用表更加稳定、持久,并且更可靠,在长期测试中有着更高的性价比。下面以 SDM3055X-E 台式万用表为例对其进行详细说明。

1. 前面板

SDM3055X-E 台式万用表向用户提供了简单而明晰的前面板,这些控制按钮按照逻辑分组显示,只需选择相应按钮进行基本操作,如图 7-1 所示。

其中,各区域的功能如表 7-1 所示。

表 7-1 台式万用表前面板各区域功能说明

编号	说明	编号	说明
A	LCD	E	测量及辅助功能键
B	USB Host	F	挡位选择及方向键
C	电源键	G	信号输入端
D	菜单操作键		

图 7-1　台式万用表前面板示意图

2. 系统按键

(1) DCV/DCI：测量直流电压或直流电流。

(2) ACV/ACI：测量交流电压或交流电流。

(3) Ω2W/Ω4W：测量二线或四线电阻。

(4) Freq：测量电容或频率。

(5) Cont：测试连通性或二极管。

(6) Temp/Scanner：测量温度或扫描卡。

(7) Dual/Utility：双显示功能或辅助系统功能。

(8) Acquire/Help：采样设置或帮助系统。

(9) Math/Display：数学运算功能或显示功能。

(10) Run/Stop：自动触发/停止。

(11) Single/Hold：单次触发或 Hold 测量功能。

(12) Shift/Local：切换功能/从遥控状态返回。

7.1.3　台式万用表的操作

使用台式万用表前,首先要了解其基本操作方法。在台式万用表前面板上通过按钮选择测量的参数,如电压、电容、电阻等。在进行测量时,需要将测量引线插入对应的测量插孔,然后通过按钮选择测量的参数,并在 LCD 上读取测量结果。

1. 电压测量

在使用台式万用表测量电压时,可以使用台式万用表的电压测量功能。将红色测量引线插入 VΩ 插孔,黑色测量引线插入 COM 插孔。按电压测量按钮,然后将红表笔接触待测电压的正极,黑表笔接触待测电压的负极,即可在 LCD 上读取电压值。

2. 电阻测量

当需要测量电路中的电阻时,可以使用台式万用表的电阻测量功能。将红色测量引线插入 VΩ 插孔,黑色测量引线插入 COM 插孔。按电阻测量按钮,然后将红表笔和黑表笔分别接触待测电阻的两端,即可在 LCD 上读取电阻值。

3. 电容测量

当需要测量电路中的电容时,可以使用台式万用表的电容测量功能。将红色测量引线插入 VΩ 插孔,黑色测量引线插入 COM 插孔。按电容测量按钮,然后将红表笔和黑表笔分别接触待测电容的两端,即可在 LCD 上读取电容值。

4. 线路通断测量

当需要测量线路通断时,可以使用台式万用表的蜂鸣器测量功能。将红色测量引线插入 VΩ 插孔,黑色测量引线插入 COM 插孔。按蜂鸣器测量按钮,然后将红表笔和黑表笔分别接触待测线路的两端。如果线路是导通的(电阻小于 30Ω),台式万用表会发出蜂鸣声;如果台式万用表的 LCD 上显示具体数值,但是不发出蜂鸣声,证明线路是断开的。

7.1.4 台式万用表使用注意事项

在使用台式万用表时,还需注意以下 4 点。

(1) 确保台式万用表的电源线牢固连接,防止意外断电。
(2) 使用时避免让台式万用表受到强烈的振动和冲击,以免影响测量准确度。
(3) 测量完毕后及时关闭电源,以免浪费电能。
(4) 定期对台式万用表进行校准,确保测量结果的准确度。

7.2 函数信号发生器

7.2.1 函数信号发生器简介

函数信号发生器是一种信号发生装置,能产生某些特定的周期性时间函数波形(正弦波、方波、三角波、锯齿波和脉冲波等)信号,频率范围可从几微赫兹到几十兆赫兹。除供通信、仪表和自动控制系统测试用外,还广泛用于其他非电测量领域。

函数信号发生器的工作原理是利用一个稳定的时钟源产生一个固定的频率信号,通常是一个晶振或者石英振荡器。这个信号将被送入波形发生器,波形发生器根据用户选择的波形类型和频率生成相应的电信号。函数信号发生器通常采用数字信号处理技术,通过改变采样率和数字滤波器来产生各种不同形状的波形。这些数字信号将被转换为模拟信号,以便输出到被测电路中。

除了产生各种波形外,函数信号发生器还可以调节输出的幅度、相位和频率。它通常还具备一些其他的功能,如频率计、计数器等,以便用户进行准确的电子测试。

7.2.2 SDG2000X 函数信号发生器

下面以常用的 SDG2000X 函数信号发生器进行说明,其可以工作在标准模式和调制模式下产生信号。在标准模式下,SDG2000X 可以产生 7 种不同波形,分别为正弦波、方波、三角波、脉冲波、噪声波、直流和任意波形。在调试模式下,SDG2000X 还可以产生 8 种不同的波形,分别为幅度调制、双边带调幅、频率调制、相位调制、频移键控、幅移键控、相移键控、脉宽调制。为了得到信号波形,需要先了解信号发生器的前面板信息以及触摸屏显示信息。

1. 前面板介绍

SDG2000X 向用户提供了明晰、简洁的前面板,如图 7-2 所示。前面板包括 USB Host、4.3 英寸(1 英寸=2.54 厘米)触摸屏、电源键、菜单键、常用功能按键区、通道输出控制区、方向键、多功能旋钮和数字键盘等。

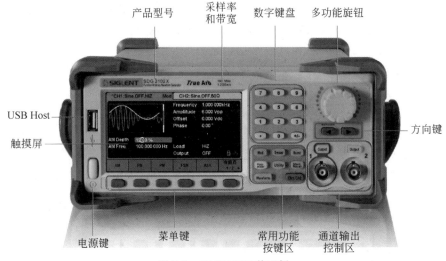

图 7-2 SDG2000X 前面板

2. 触摸屏显示区

SDG2000X 的触摸屏上只能显示一个通道的参数和波形。图 7-3 为 CH1 通道选择正弦波的 AM 调制时的界面。基于当前功能的不同,界面显示的内容会有所不同。

SDG2000X 整个屏幕都是触摸屏。可以使用手指或触控笔进行触控操作,大部分的显示和控制都可以通过触摸屏实现,效果等同于按键和旋钮。

图 7-3 中,波形显示区,显示各通道当前选择的波形,点击此处的触摸屏,Waveforms 按键灯将变亮;通道输出配置状态栏,指示当前通道的选择状态和输出配置,点击此处的触摸屏,可以切换至相应的通道;基本波形参数区,显示各通道当前波形的参数设置,点击所要设置的参数,可以选中相应的参数区使其突出显示,然后通过数字键盘或多功能旋钮改变该参数;通道参数区,显示当前选择通道的负载设置和输出状态;网络状态提示符和模式提示符,会根据当前网络的连接状态给出不同的提示;菜单,显示当前已选中功能对应的操作菜单;调制参数区,显示当前通道调制功能的参数,点击此处的触摸屏,或选择相应的菜单后,通过数字键盘或多功能旋钮改变参数。

7.2.3 函数信号发生器操作

SDG2000X 函数信号发生器标准波形设置涉及 7 种,调制波形设置涉及 8 种波形,为了简单起见,标准波形中只介绍正弦波信号的设置,调制波形中只介绍调幅信号的设置。

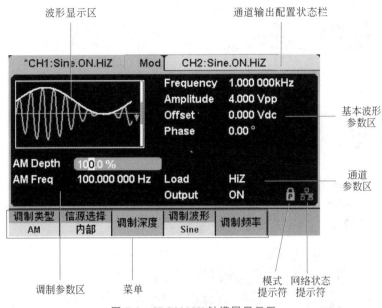

图 7-3 SDG2000X 触摸屏显示区

其他类型的波形设置与这两种波形设置基本相同,不再赘述。

1. 正弦波形设置

下面对正弦波形的参数设置逐一进行介绍。

1) 设置正弦波

选择 Waveforms→Sine,触摸屏显示区中将出现正弦波的操作菜单,通过对正弦波形参数进行设置,可输出相应波形,如图 7-4 所示。

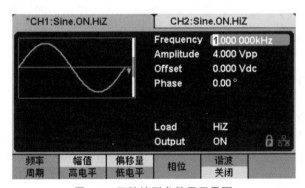

图 7-4 正弦波形参数显示界面

设置正弦波形的参数主要包括频率/周期、幅值/高电平、偏移量/低电平、相位,具体参数如表 7-2 所示。

2) 设置频率/周期

选择 Waveforms→Sine→频率,可设置频率参数值。在更改参数时,如果当前的参数值对新波形是有效的,则使用当前值;否则使用该波形的限定值。当再次按下相应的功能按键时,可修改周期。

表 7-2 Sine 波形操作菜单说明

功 能 菜 单	设 置 说 明
频率/周期	设置波形频率/周期,按下相应的功能按键可上下切换
幅值/高电平	设置波形幅值/高电平,按下相应的功能按键可上下切换
偏移量/低电平	设置波形偏移量/低电平,按下相应的功能按键可上下切换
相位	设置波形相位

在选定所要修改的参数时,可通过数字键盘直接输入参数值,然后选择相应的参数单位即可,如图 7-5 所示。可以使用方向键来改变参数值所需更改的数据位,再通过多功能旋钮改变该位的数值。

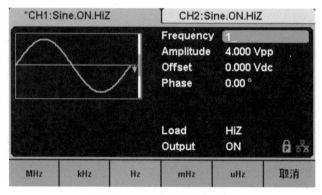

图 7-5 正弦波频率设置界面

当使用数字键盘输入数值时,使用方向键左键向前移位,效果是删除前一位值,直接输入具体的数值可改变该位参数值。

3) 设置幅值/高电平

幅值的可设置范围受"阻抗"和"频率/周期"的限制。选择 Waveforms→Sine→幅值,可设置幅值参数值。在更改参数时,如果当前的参数值对新波形是有效的,则使用当前值;否则使用该波形的限定值。当再次按下相应的功能按键时,可修改高电平。在选定所要修改的参数时,可通过数字键盘直接输入参数值,然后通过功能按键选择相应的参数单位即可,如图 7-6 所示。也可以使用方向键来改变参数值所需更改的数据位,再通过多功能旋钮可改变该位的数值。

4) 设置偏移量/低电平

选择 Waveforms→Sine→偏移量,可设置偏移量参数值。在更改参数时,如果当前的参数值对新波形是有效的,则使用当前值;否则使用该波形的限定值。当再次按下相应功能按键时,可修改低电平。

在选定所要修改的参数时,可通过数字键盘直接输入参数值,然后通过功能按键选择相应的参数单位即可,如图 7-7 所示。也可以使用方向键来改变参数值所需更改的数据位,再通过多功能旋钮可改变该位的数值。

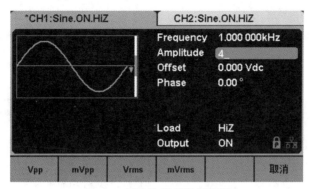

图 7-6　正弦波幅值设置界面

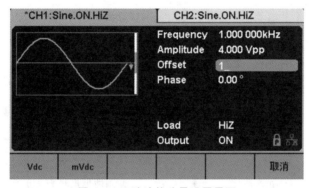

图 7-7　正弦波偏移量设置界面

5）设置输出相位

波形相位的可设置范围为 $-360°\sim360°$，默认值为 $0°$。选择 Waveforms→Sine→相位，可设置相位参数值。在更改参数时，如果当前的参数值对新波形是有效的，则使用当前值；否则使用该波形的限定值。

在选定所要修改的参数时，可通过数字键盘直接输入参数值，然后通过功能按键选择相应的参数单位即可，如图 7-8 所示。也可以使用方向键来改变参数值所需更改的数据位，再通过多功能旋钮可改变该位的数值。

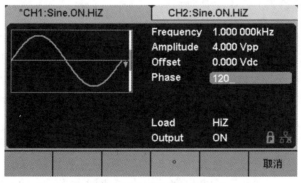

图 7-8　正弦波相位设置界面

2. 设置调幅波形

幅度调制（简称调幅，AM）的参数设置说明如表 7-3 所示，某参数设置界面如图 7-9 所示。

表 7-3　调幅的参数设置说明

功能菜单	设　　置	说　　明
调制类型	AM	调幅
信源选择	内部	调制信号选择内部输入信号
	外部	调制信号选择外部输入信号
	通道	调制信号选择另一通道输出信号
调制深度		调幅变化范围 0～120%
调制波形	Sine	选择调制波形形状为正弦波
	Square	选择调制波形形状为方波
	Triangle	选择调制波形形状为三角波
	UpRamp	选择调制波形形状为上斜坡锯齿波
	DnRamp	选择调制波形形状为下斜坡锯齿波
	Noise	选择调制波形形状为噪声波
	Arb	选择调制波形形状为任意波形
调制频率		频率范围为 1mHz～1MHz（只用于内部信源）

图 7-9　调幅参数设置界面

1）调幅类型

在调幅中，依据其原理，已调制波形由载波和调制波合成，载波的幅度随调制波的幅度变化而变化。选择 Mod→调制类型→AM，可对调幅类型进行设置。

2）信源选择

SDG2000X 支持内部、外部和通道信源的调制波形。选择 Mod→信源选择，设置"内部"、"外部"或"通道"信源，默认为"内部"。当被调制的载波在 CH1 通道时，可直接使用 CH2 为调制波，此时设备在内部直接用 CH2 作为调制波来调制 CH1 的载波，而不需要通过外部线缆将 CH2 的波形引入外部接口，反之亦然。

3）调制深度

调制深度表示幅度变化的程度，以百分比表示。选择内部信源调制后，选择调制深度菜单使其突出显示。调制深度选择范围为 0～120%，通过数字键、方向键或多功能旋钮输入所需的参数值。在 0 调制时，输出幅度是设定幅值的一半；在 120% 调制时，输出幅度等于设定值。选择外部信源调制时，无此参数设置。对于选择外部信源，调制深度由函数信号发生器后面板的 Aux-In/Out 连接器上的信号电平控制，12Vpp 对应当前所选调制深度为 100%。

4）调制波形

当信源选择内部调制时，调制波形可选择 Sine、Square、Triangle、UpRamp、DnRamp、Noise 或 Arb 作为调制源。其中，Square 波形占空比为 50%，Triangle 波形对称性为 50%，UpRamp 波形对称性为 100%，DnRamp 波形对称性为 0，Arb 为当前通道选择的任意波形。Noise 可以作为调制源，但不能作为载波。

当信源选择外部调制时，函数信号发生器接收仪器后面板的 Aux-In/Out 连接器输入的外部信源调制信号，此时已调信号的幅度受该连接器上的信号电平控制。例如，调制深度为 100%，在调制信号为 +6V 时输出为最大幅度，在调制信号为 -6V 时输出为最小幅度。

5）调制频率

选择内部信源后，选择调制频率菜单使其突出显示，通过数字键、方向键或多功能旋钮输入所需的参数值。调制频率范围为 1mHz～1MHz，默认为 100Hz。选择外部信源时，无此参数设置。

7.3 数字示波器

7.3.1 示波器简介

示波器是电子线路检测中必不可少的测试设备，它能将非常抽象的、看不见的周期信号或信号状态的变化过程，在荧光屏上描绘出具体的图像波形，用它可以测量各种电路参数，如电压、电流、频率、相位等电气量。它具有输入阻抗高、频率响应好、灵敏度高等特点。

示波器的基本操作包括信号输入、波形显示、测量功能和触发设置等。需要将待测信号连接到示波器的输入端口，并选择适当的量程和耦合方式。然后，可以通过调节示波器的触发模式和触发电平来显示稳定的波形。示波器还提供了多种测量功能，如峰值、频率、占空比等，可以帮助工程师更好地分析信号特性。

7.3.2 SDS1000X 示波器

下面以 SDS1000X 示波器为例详细介绍示波器的使用。示波器前面板菜单说明如表 7-4 所示。

表 7-4 示波器前面板菜单说明

编号	说明	编号	说明
1	屏幕	4	一键清除
2	多功能旋钮	5	停止/运行
3	常用功能区	6	串行解码

续表

编号	说　　明	编号	说　　明
7	自动设置控制系统	15	菜单软键
8	导航功能	16	一键存储按钮
9	历史波形	17	模拟通道输入端
10	默认设置	18	电源软开关
11	垂直控制区	19	USB Host 端口
12	水平控制区	20	数字通道输入端
13	触发控制系统	21	补偿信号输出端/接地端
14	Menu on/off 软键		

示波器前面板实物如图 7-10 所示。

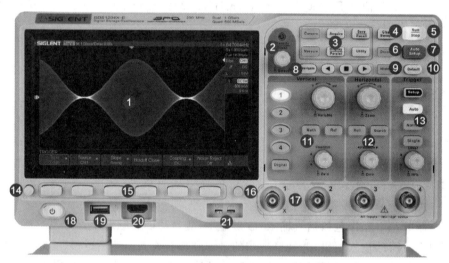

图 7-10　SDS1000X-E（4 通道）机型前面板实物

1．水平控制区

水平控制区的功能键说明如图 7-11 所示，其包含 Roll、Search、Position（水平）、水平挡位等功能键，用于控制信号波形在水平方向上的显示。

1）Roll

按下 Roll 键，快速进入滚动模式。滚动模式的时基范围为 50ms/div～100s/div。

2）Search

按下 Search 键，开启搜索功能。在该功能下，示波器将自动搜索符合用户指定条件的事件，并在屏幕上方用白色三角形标记。

3）Position（水平）

Position 旋钮可修改波形在屏幕上的水平位置（延迟）。旋转 Position 旋钮可以更改水平延迟时间，所有通道的波形将随触发点水平移动；按下 Position 旋钮可将水平位置恢复为 0。

4）水平挡位

旋钮修改水平时基挡位：顺时针旋转减小时基，逆时针旋转增大时基。修改过程中，所有通道的波形被扩展或压缩，同时屏幕上方的时基信息相应变化。按下该旋钮快速开启 Zoom 功能。

2. 垂直控制区

垂直控制区的功能键说明如图 7-12 所示，其包含输入通道键、Position（垂直）、垂直电压挡位、Math、Ref、Digital 等功能键。

图 7-11　水平控制区

图 7-12　垂直控制区

1）输入通道键

模拟输入通道。不同通道的标签用不同颜色标识，且屏幕中波形颜色和输入通道连接器的颜色相对应。按下通道键可打开相应通道及其菜单，连续按两次则关闭该通道。

2）Position（垂直）

Position 旋钮修改对应通道波形的垂直位移。修改过程中波形会上下移动，同时屏幕下方弹出的位移信息会相应变化，按下 Position 旋钮可将垂直位移恢复为 0。

3）垂直电压挡位

该旋钮修改当前通道的垂直挡位：顺时针转动减小挡位，逆时针转动增大挡位。修改过程中波形幅度会增大或减小，同时屏幕右方的挡位信息会相应变化。按下该旋钮可快速切换垂直挡位调节方式为粗调或细调。

4）Math

按下 Math 键，打开波形运算菜单。可进行加、减、乘、除、FFT、积分、微分、平方根等运算。

5）Ref

按下 Ref 键，打开波形参考功能。可将实测波形与参考波形相比较，以判断电路故障。

6) Digital

Digital 键为数字通道功能按键,按下该按键打开数字通道功能。

3. 运行控制区

运行控制区的功能键说明如图 7-13 所示,其包含 Auto Setup、Run/Stop 等功能键。

1) Auto Setup

按下 Auto Setup 键,开启波形自动显示功能。示波器将根据输入信号自动调整垂直挡位、水平时基及触发方式,使波形以最佳方式显示。

2) Run/Stop

按下 Run/Stop 键,可将示波器的运行状态设置为运行/停止。运行状态下,该键黄灯被点亮;停止状态下,该键红灯被点亮。

4. 多功能旋钮

多功能旋钮如图 7-14 所示,菜单操作时,当按下某个菜单软键后,若多功能旋钮上方指示灯被点亮,此时旋转该旋钮,可选择该菜单下的子菜单,按下该旋钮可选中当前选择的子菜单,指示灯也会熄灭。另外,该旋钮还可用于修改 Math、Ref 波形挡位、位移、参数值、输入文件名等。

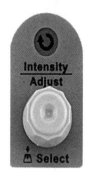

图 7-13　运行控制区　　　　图 7-14　多功能旋钮

菜单操作时,若某个菜单软键上有旋转图标,按下该菜单软键后,多功能旋钮上方的指示灯被点亮,此时旋转该旋钮,可以直接设置该菜单软键显示值;若按下该旋钮,可调出虚拟键盘,通过虚拟键盘直接设定所需的菜单软键值。

5. 功能菜单

功能区的功能键说明如图 7-15 所示,其包含 Cursors、Measure、Acquire、Display/Persist、Save/Recall、Utility、Clear Sweeps、Decode、History、Navigate 等功能键。

1) Cursors

按下 Cursors 键,可以直接开启光标功能。示波器提供手动和追踪两种光标模式,另外还有垂直和水平两个方向的两种光标测量类型。

2) Measure

按下 Measure 键,可以快速进入测量系统,可设置测量参数、统计功能、全部测量、Gate 测量等。测量可选择并同时显示最多任意 4 种测量参数,统计功能则统计当前显示

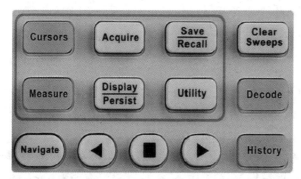

图 7-15 功能菜单

的所有选择参数的当前值、平均值、最小值、最大值、标准差和统计次数。

3) Acquire

按下 Acquire 键,可以进入采样设置菜单。可设置示波器的获取方式(普通/峰值检测/平均值/增强分辨率)、内插方式、分段采集和存储深度。

4) Display/Persist

按下 Display/Persist 键,可以快速开启余辉功能。可设置波形显示类型、色温、余辉、清除显示、网格类型、波形亮度、网格亮度、透明度等。选择波形亮度/网格亮度/透明度后,通过多功能旋钮调节相应亮度。透明度指屏幕弹出信息框的透明程度。

5) Save/Recall

按下 Save/Recall 键,可以进入文件存储/调用界面。可存储/调出的文件类型包括设置文件、二进制数据、参考波形文件、图像文件、CSV 文件、Matlab 文件和 default 键预设。

6) Utility

按下 Utility 键,可以进入系统辅助功能设置菜单。设置系统相关功能和参数,如接口、声音、语言等。此外,还支持一些高级功能,例如 Pass/Fail 测试、自校正和升级固件等。

7) Clear Sweeps

按下 Clear Sweeps 键,可以进入快速清除余辉或测量统计,然后重新采集或计数。

8) Decode

Decode 键为解码功能按键。按下 Decode 键,可以打开解码功能菜单。支持 I2C、SPI、UART、CAN 和 LIN 串行总线解码。

9) History

按下 History 键,可以快速进入历史波形菜单。历史波形模式最大可录制 80 000 帧波形。

10) Navigate

按下 Navigate 键,进入导航菜单,支持事件、时间、历史帧导航。

6. 其他控制区

前面板的其他控制区还包括触发控制系统、Menu on/off 软键、菜单软键、一键存储按钮、USB Host 端口、数字通道输入端、补偿信号输出端/接地端等,这些按键的功能较为简单或不常用,在这里不一一介绍。

7.3.3 示波器操作

1. 自动测量

在 SDS1000X-E 中使用 Measure 可对波形进行自动测量,如图 7-16 所示。自动测量包括电压参数测量、时间参数测量和延迟参数测量。

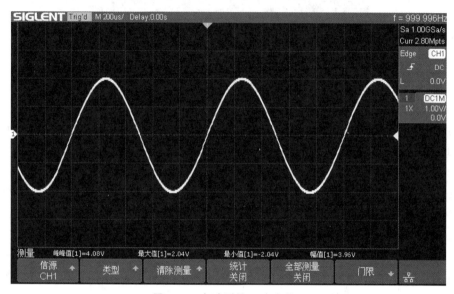

图 7-16 自动测量(4 个参数)

电压和时间参数测量显示在 Measure 菜单下的"类型"子菜单中,可选择任意电压、时间或延迟参数进行测量,且在屏幕底部最多可同时显示最后设置的 4 个测量参数值。按以下方法在"类型"菜单下选择电压或时间参数进行自动测量。

(1) 按下 Measure 键打开自动测量菜单。

(2) 按下"信源"软键,旋转多功能旋钮选择要测量的波形通道。可选信源包括模拟通道 1、2、3、4。当前通道只有在开启状态下才能被选择。

(3) 选择要测量参数并显示。按下"类型"软键,旋转多功能旋钮选择要测量的参数。按下多功能旋钮后,该参数值显示在屏幕底部。

(4) 若要测量多个参数值,可继续选择以显示参数值。

屏幕底部最多可同时显示 4 个参数值,并按照选择的先后次序依次排列。若要继续添加下一参数,则当前显示的第一个参数值自动被删除,剩余的 4 个参数仍然按照同样次序排列在屏幕底部。

按下"类型"软键即可显示所有测量类型,如图 7-17 所示,用户可根据界面提示信息选择。测量包含 17 种电压参数,其中,峰峰值是最大值和最小值之间的差值,最大值是波形最高点至 GND(地)的电压值,最小值是波形最低点至 GND(地)的电压值,平均值是整个波形或选通区域上的算术平均值,方均根是整个波形或选通区域上的方均根值等。

此外,按下"清除测量"软键,可选择性清除屏幕显示的某一个测量参数,或者清除所

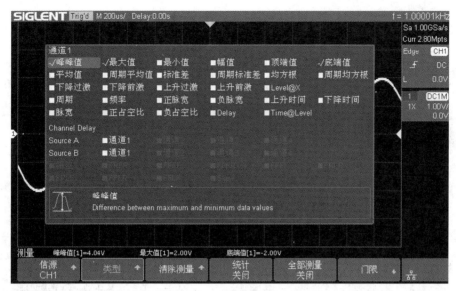

图 7-17 测量类型

有的测量参数。统计功能用于统计并显示最后打开的最多 5 项测量结果的当前值、平均值、最小值、最大值、标准差以及统计次数（进行测量的次数）。全部测量可同时打开所有电压测量和时间测量参数，并全部显示在屏幕上方的信息显示框中。

2. 光标测量

SDS1000X-E 示波器包含的光标有 X1、X2、X2-X1、Y1、Y2、Y2-Y1。表示所选源波形上的 X 轴值（时间）和 Y 轴值（电压），可使用光标对示波器信号进行自定义的电压测量、时间测量以及相位测量。

1）光标说明

（1）X 光标

X 光标用于测量水平时间（当使用 FFT 数学函数作为源时，X 光标指示频率）的垂直虚线。其中，X1 光标是屏幕左侧（默认）垂直虚线，可手动移动到屏幕中任意垂直位置。X2 光标是屏幕右侧（默认）垂直虚线，可手动移动到屏幕中任意垂直位置。

可使用多功能旋钮设置 X1 或 X2 的时间值，并同时显示在当前光标菜单下和屏幕左上角信息区域中。X1 和 X2 之间的差（ΔX）以及 1/ΔX 显示在屏幕左上角信息区域的"光标"框中。

（2）Y 光标

Y 光标用于测量垂直伏特或安培（具体取决于通道探头单位设置）的水平虚线。使用数学函数作为信源时，测量单位对应该数学函数。其中，Y1 光标是屏幕上方（默认）水平虚线，可手动移动到屏幕中任意水平位置；Y2 光标是屏幕下方（默认）水平虚线，可手动移动到屏幕中任意水平位置。

可使用多功能旋钮设置 Y1 或 Y2 的电压值，并同时显示在当前光标菜单下和屏幕左上角信息区域中。Y1 和 Y2 之间的差（ΔY）显示在屏幕左上角信息区域的"光标"框中。

2) 测量步骤

光标测量的界面如图 7-18 所示,具体的测量步骤如下。

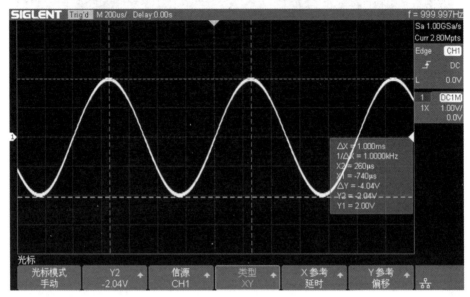

图 7-18　光标测量

(1) 按下示波器前面板的 Cursors 键快速开启光标,并进入光标菜单。

(2) 按下"光标模式"软键选择手动或追踪模式。

(3) 选择信源。按下"信源"软键,然后旋转多功能旋钮选择所需信源。可选择的信源包括模拟通道、MATH 波形及当前存储的参考波形。信源必须为开启状态才能被选择。

(4) 设置"X 参考"和"Y 参考",即垂直(或水平)挡位变化时,光标 Y(或 X)的值的变化策略。"位置"表示光标按屏幕上固定网格的位置保持不变(即保持绝对位置不变)。"偏移"或"延时"表示光标保持输入的值不变(即保持相对位置不变)。

(5) 选择光标进行测量。若要测量水平时间,可使用多功能旋钮将 X1 和 X2 调至所需位置。必要时可选择 X2-X1 同时移动两垂直光标。若要测量垂直伏值(或安培),可使用多功能旋钮将 Y1 和 Y2 调至所需位置。必要时可选择 Y2-Y1 同时移动两水平光标。

7.4　直流稳压电源

7.4.1　直流稳压电源简介

直流稳压电源是一种能够将交流电压转换成稳定的直流电压并输出的电源装置。它主要由变压器、整流电路、滤波电路、稳压电路和输出电路等组成。其中,变压器将交流电压变压成一定的直流电压,整流电路将交流电压转换成直流电压,滤波电路将直流电压进行滤波处理,稳压电路将电压进行稳定,输出电路将稳定的直流电压输出。

直流稳压电源广泛应用于通信设备,如基站、通信线路和交换机等。它能够稳定供电,确保通信正常运行,并提供良好的电源质量。在医疗设备中,直流稳压电源能为心电图机、医用气体流量计等提供可靠的电源供应,确保医疗设备正常运行。在实验室仪器中,它能够为示波器、频谱分析仪等提供稳定的电源供应,确保实验的准确性和可重复性。在工业自动化和控制系统中,直流稳压电源也有广泛应用,如工业机器人、工业生产线等,它能稳定供电,确保工业设备正常运转。

7.4.2 SPD3303X 直流稳压电源

下面以 SPD3303X 直流稳压电源为例对其进行详细说明。其前面板功能说明如表 7-5 所示。

表 7-5 直流稳压电源前面板功能

编 号	说 明	编 号	说 明
A	品牌 LOGO	I	CH3 挡位拨码开关
B	显示界面	J	电源开关
C	产品型号	K	通道 1 输出端
D	系统参数配置键	L	公共接地端
E	多功能旋钮	M	通道 2 输出端
F	细调功能键	N	CV/CC 指示灯
G	左右方向键	O	通道 3 输出端
H	通道控制键		

SPD3303X 直流稳压电源前面板实物如图 7-19 所示,以下从系统参数配置键、通道控制键、细调功能键、电源输出操作等方面对其进行说明。

1. 系统参数配置键

(1) Wavedisp:打开/关闭波形显示界面。

(2) Ser:设置 CH1/CH2 串联模式,界面同时显示串联标识。

(3) Para:设置 CH1/CH2 并联模式,界面同时显示并联标识。

(4) IP/Store:进入存储系统。

(5) Timer:进入定时系统状态。

(6) Ver:长按该键,开启锁键功能;短按该键,进入系统信息界面。

2. 通道控制键和细调功能键

(1) All On/Off:开启/关闭所有通道。

(2) 通道 1:选择 CH1 为当前操作通道。

(3) 通道 2:选择 CH2 为当前操作通道。

(4) On/Off:开启/关闭当前通道输出。

(5) Fine:移动光标,选择数值的数位。

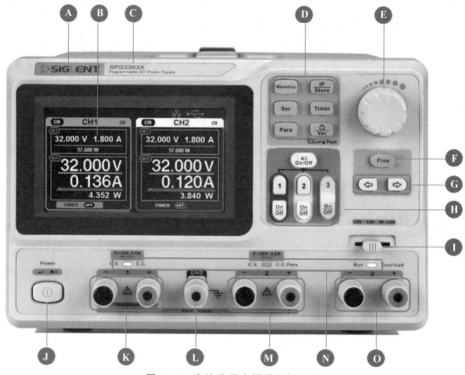

图 7-19　直流稳压电源前面板实物

3. 电源输出操作

SPD3303X 系列可编程线性直流稳压电源,有三组独立输出,包含两组可调电压值和一组固定可选择电压值(2.5V、3.3V 和 5V),CH1 和 CH2 接线端子如图 7-20 所示。

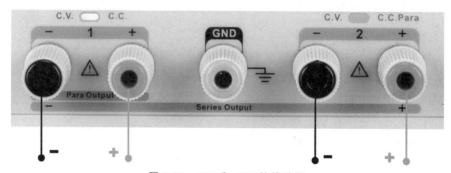

图 7-20　CH1 和 CH2 接线端子

1) 独立/并联/串联

SPD3303X 具有 3 种输出模式,由前面板的跟踪开关(见图 7-19 中的 H 区域)来选择相应模式。在独立模式下,输出电压和电流各自单独控制;在并联模式下,输出电流是单通道的 2 倍;在串联模式下,输出电压是单通道的 2 倍。

2) 恒压/恒流

在恒流模式下,输出电流为设定值,并通过前面板控制。前面板指示灯亮红色(CC),

电流维持在设定值,此时电压值低于设定值,当输出电流低于设定值时,则切换到恒压模式。(说明:在并联模式时,辅助通道固定为恒流模式,与电流设定值无关)

在恒压模式下,输出电流小于设定值,输出电压通过前面板控制。前面板指示灯亮黄灯(CV),电压值保持在设定值,当输出电流值达到设定值,则切换到恒流模式。

3) CH1/CH2 独立输出

CH1 和 CH2 输出工作在独立控制状态,同时 CH1 与 CH2 均与地隔离。输出额定值 0~32V,0~3.2A。

CH1 和 CH2 的具体操作步骤如下。

(1) 确定并联和串联键关闭(按键灯不亮,界面没有串并联标识)。

(2) 连接负载到前面板端子,CH1+/−,CH2+/−。

(3) 设置 CH1/CH2 输出电压和电流:首先,按 1/2 键,选择设置通道;其次,通过方向键移动光标选择需要修改的参数(电压、电流),按 Fine 键选择数位,再旋转多功能旋钮改变相应参数值。

(4) 按下 on/off 键,相应通道指示灯被点亮,输出显示 CC 或 CV 模式。

7.4.3 使用注意事项

直流稳压电源使用注意事项如下。

(1) 避免电源设备长时间超负荷工作,否则可能引发设备故障或损坏。

(2) 在设备接线时,应避免直流稳压电源的输出端短路,否则可能导致设备烧毁。

(3) 使用电源设备时,避免触摸电源设备内部的高压部件以及避免在潮湿环境下使用。

(4) 当电源设备不使用时,应及时断开电源开关,避免浪费电力。

(5) 当电源设备红色过载灯点亮或报警声音响起时,应立即关掉该路电源输出,检查产生过载的原因。

7.5 交流毫伏表

7.5.1 交流毫伏表简介

交流毫伏表是一款灵敏的电压测量仪器,能够捕捉交流电压的微小变化,广泛应用于电力、电子、通信等领域。使用时需注意选择合适的量程、避免短路、安全和准确读数等。常用的单通道晶体管毫伏表,具有测量交流电压、电平测试、监视输出 3 个功能。交流测量范围是 100mV~300V,5Hz~2MHz,分 1mV、3mV、10mV、30mV、100mV、300mV、1V、3V、10V、30V、100V、300V 共 12 挡。晶体管毫伏表的面板功能如图 7-21 所示。

7.5.2 交流毫伏表操作

交流毫伏表使用前要检查仪器是否正常,使用后要及时关闭电源并妥善保管,其基本使用方法如下。

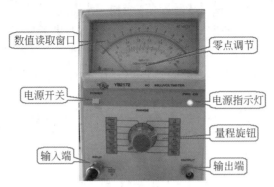

图 7-21　晶体管毫伏表的面板功能

1. 开机前准备工作

（1）将通道输入端测试探头上的红、黑鳄鱼夹短接,如图 7-22 所示。

（2）将量程旋钮置于最高量程（300V）,如图 7-23 所示。

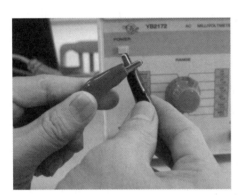

图 7-22　红、黑鳄鱼夹短接

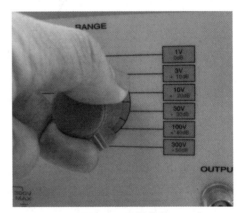

图 7-23　设置量程

2. 操作步骤

（1）接通 220V 电源,按下电源开关,电源指示灯亮,仪器立刻工作,如图 7-24 所示。为了保证仪器稳定性,需预热 10s 后使用,开机后 10s 内指针无规则摆动属正常现象。

（2）将输入端测试探头上的红、黑鳄鱼夹断开后与被测电路并联（红鳄鱼夹接被测电路的正端,黑鳄鱼夹连接到接地端）,如图 7-25 所示。观察表头指针在刻度盘上所指的位置,若指针在起始点位置基本没动,说明被测电路中的电压甚小,且毫伏表量程选得过高。

在此基础上,可以用递减法由高量程向低量程变换,直到表头指针指到满刻度的 2/3 左右即可,如图 7-26 所示。

（3）准确读数。交流毫伏表数值读取窗口刻度盘上共有四条刻度,如图 7-27 所示,第一条刻度和第二条刻度为测量交流电压有效值的专用刻度,第三条和第四条为测量电平值的刻度。当量程旋钮分别选 1mV、10mV、100mV、1V、10V、100V 挡时,就从第一条刻度读数;当量程旋钮分别选 3mV、30mV、300mV、3V、30V、300V 时,应从第二条刻度

图 7-24 接通电源

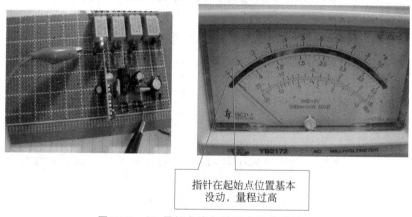

指针在起始点位置基本没动，量程过高

图 7-25 红、黑鳄鱼夹与被测电路并联情况

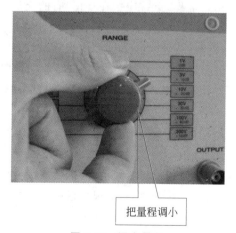

把量程调小

图 7-26 调小量程

读数。逢 1 就从第一条刻度读数，逢 3 从第二刻度读数。例如，将量程旋钮置 1V 挡，就

从第一条刻度读数，若指针指的数字是在第一条刻度的 0.7 处，其实际测量值为 0.7V；若量程旋钮置 3V 挡，就从第二条刻度读数，若指针指在第二条刻度的 2 处，其实际测量值为 2V。以上举例说明，当量程旋钮选在哪个挡位，如 1V 挡，此时毫伏表可以测量外电路中电压的范围是 0～1V，满刻度的最大值也就是 1V。当用该仪表测量外电路中的电平值时，就从第三、四条刻度读数，读数方法是，量程数加上指针指示值等于实际测量值。

图 7-27　数值读取窗口

3. 使用注意事项

交流毫伏表使用注意事项如下。

（1）仪器在通电之前，一定要将输入电缆的红、黑鳄鱼夹相互短接。防止仪器在通电时因外界干扰信号通过输入电缆进入电路放大后，再进入表头将表针打弯。

（2）当不知被测电路中电压值大小时，必须首先将交流毫伏表的量程旋钮置最高量程，然后根据表针所指的范围，采用递减法合理选挡。

（3）若要测量高电压，输入端黑鳄鱼夹必须连接到接地端。

（4）测量前应短路调 0。打开电源开关，将测试线（也称开路电缆）的红、黑鳄鱼夹夹在一起，将量程旋钮旋到 1mV 量程，指针应指在 0 位（有的交流毫伏表可通过面板上的调零电位器进行调零，凡面板无调零电位器的，内部设置的调零电位器已调好）。若指针不指在 0 位，应检查测试线是否断路或接触不良，应更换测试线。

（5）交流毫伏表灵敏度较高，打开电源后，在较低量程时由于干扰信号（感应信号）的作用，指针会发生偏转，称为自起现象。所以在不测试信号时应将量程旋钮旋到较高量程挡，以防打弯指针。

（6）交流毫伏表接入被测电路时，其他端（黑鳄鱼夹）应始终接在电路的地端（成为公共接地），以防干扰。

（7）交流毫伏表数值读取窗口可读取 0～1 和 0～3 两种刻度，量程旋钮切换量程分为逢 1 量程（1mV、10mV、0.1V……）和逢 3 量程（3mV、30mV、0.3V……）。凡逢 1 的量程直接在 0～1 刻度线上读取数据，凡逢 3 的量程直接在 0～3 刻度线上读取数据，单位为该量程的单位，无须换算。

（8）使用前应先检查量程旋钮与量程标记是否一致，若错位会产生读数错误。

（9）交流毫伏表只能用来测量正弦交流信号的有效值，若测量非正弦交流信号要经过换算。

(10) 不可用万用表的交流电压挡代替交流毫伏表测量交流电压(万用表内阻较低,用于测量50Hz左右的工频电压)。

4. 问题总结

1) 如何读数

假设指针指向上圈0.5的位置,量程选在10V,利用测量换算公式:测量值=(指针读数/满量程读数)×选择的量程,指针读数为0.5,满量程读数取1.0(采用上圈刻度满量程读数取1.0,采用下圈刻度满量程读数取3.0),选择的量程为10V,利用公式代入,得测量信号有效值为5V。

2) 选择刻度

刻度的选择取决于所选的量程。选择的量程是10的倍数的(如1V、10V、100V等),读数时看上圈的刻度;选择的量程是3的倍数的(如3V、30V、300V等),读数时看下圈的刻度。这样做的目的是在利用测量换算公式时能够计算方便,减小误差。

3) 测量信号有效值

将交流毫伏表中的量程打在30V上,将信号接入交流毫伏表中,观察指针位置,使指针基本指向刻度盘的中间,否则减小量程再观察。根据指针读数换算测量值。

4) 测量正弦波、方波、三角波有效值

对于正弦波,利用交流毫伏表得到的测量值就是其有效值;对于方波、三角波,利用交流毫伏表得到的测量值并不是其有效值,但是可以根据该值换算得到其有效值。有效值换算公式:有效值=测量值×0.9×波形系数,方波波形系数为1,三角波波形系数为1.15。

第 8 章

焊 接 技 术

8.1 电烙铁

8.1.1 电烙铁简介

电烙铁是电子制作中必备工具之一，常用电烙铁分内热式和外热式两种。内热式电烙铁的烙铁头在电热丝的外面，加热快且重量轻；外热式电烙铁的烙铁头插在电热丝里面，加热虽然较慢，但相对比较牢固。

电烙铁直接用 220V 交流电源加热。电源线和外壳之间应是绝缘的，电源线和外壳之间的电阻应大于 200MΩ。电子爱好者通常使用 30W、35W、40W、45W、50W 的电烙铁。功率较大的电烙铁，其电热丝电阻较小。

恒温电烙铁是最常使用的电烙铁，其实物如图 8-1 所示。恒温电烙铁通过内置的磁铁式温度控制器来精准调节通电时间，从而确保烙铁头维持恒定的温度，以满足各种焊接需求。在焊接温度不宜过高、焊接时间不宜过长的元器件时应选用恒温电烙铁，但它价格较高。

图 8-1 恒温电烙铁实物

8.1.2 电烙铁选用

1. 选用电烙铁原则

(1) 烙铁头的形状要适应被焊件物面要求和产品装配密度。

(2) 烙铁头的顶端温度要与焊料的熔点相适应，一般要比焊料的熔点高 30~80℃（不包括在烙铁头接触焊接点时下降的温度）。

(3) 电烙铁热容量要恰当。烙铁头的温度恢复时间要与被焊件物面的要求相适应。温度恢复时间是指在焊接周期内，烙铁头顶端温度因热量散失而降低后，再恢复到最高温度所需的时间。它与电烙铁功率、热容量以及烙铁头的形状、长短有关。

2. 选择电烙铁功率原则

(1) 焊接集成电路、晶体管及其他受热易损件的元器件时,考虑选用 20W 内热式或 25W 外热式电烙铁。

(2) 焊接较粗导线及同轴电缆时,考虑选用 50W 内热式或 45～75W 外热式电烙铁。

(3) 焊接较大元器件时,如金属底盘接地焊片,应选 100W 以上的电烙铁。

8.1.3 电烙铁使用

1. 电烙铁握法

电烙铁的握法分为 3 种。

(1) 反握法(见图 8-2(a)):用五指把电烙铁的柄握在掌内。适用于大功率电烙铁,焊接散热量较大的被焊件。

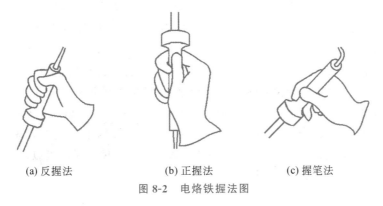

(a) 反握法　　　　(b) 正握法　　　　(c) 握笔法

图 8-2　电烙铁握法图

(2) 正握法(见图 8-2(b)):除大拇指外四指握住电烙铁的柄。适用于较大或弯形烙铁头的电烙铁。

(3) 握笔法(见图 8-2(c)):用握笔的方法握电烙铁。用于小功率电烙铁,焊接散热量小的被焊件,如焊接收音机、电视机的印制电路板等。

2. 电烙铁使用前处理

在使用电烙铁前先通电给烙铁头"上锡"。首先用锉刀把烙铁头按需要锉削成一定的形状,然后接上电源,当烙铁头温度升到能熔锡时,将烙铁头在松香上沾涂一下,等松香冒烟后再沾涂一层焊锡,如此反复进行两三次,使烙铁头的刀面全部挂上一层焊锡便可使用了。

电烙铁不宜长时间通电而不使用,这样容易使烙铁芯加速氧化而烧断,缩短其使用寿命,同时也会使烙铁头因长时间加热而氧化,甚至被"烧死",不再"吃锡"。

8.1.4 电烙铁保养

1. 清洁海绵

清洁海绵每次使用之前,应先放在水中充分吃水、浸泡,具体如图 8-3 所示。吃水后,充分挤干海绵的水分放置在烙铁架内,这样做的目的是防止烙铁头在高温状态下直接和水接触而加速氧化。需要指出的是,清洁海绵的作用就是擦拭烙铁头上的残锡和氧化物,切勿甩锡和敲锡。

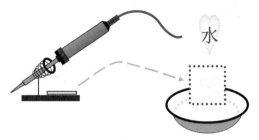

图 8-3　清洁海绵浸水

2. 保养方法

烙铁头是易耗品,正确的使用和保养可以极大延长烙铁头的寿命。每天下班之前,将烙铁头在清洁海绵上擦拭干净,然后上一点新鲜的焊锡;第二天使用之前,还是将烙铁头在清洁海绵上擦拭干净,重新上锡后使用。按以上方式进行操作,可最大限度地达到烙铁头的使用寿命。需要指出的是,烙铁头的使用温度不宜过高,温度越高,烙铁头的使用寿命越短,一般建议使用温度为350℃。正常情况下,当烙铁头使用温度为350℃,每天工作8小时,按正常保养程序进行保养时,其使用寿命一般为3万个焊点左右。

在无作业时一定保证烙铁头上有焊锡保护,焊接时作业者不要有划板的动作,擦拭烙铁头的清洁海绵水量要合适,以轻握有两三滴水为宜,海绵两小时左右清洗一次,焊接作业前擦拭海绵,作业完成不要擦拭,防止烙铁头氧化。平时作业时不可以用烙铁头碰撞硬的东西,防止烙铁头表面镀层破损。

8.2　焊料和焊剂

8.2.1　焊料

焊料是一种易熔金属,它能使元器件引线与印制电路板的连接点连接在一起。锡是一种质地柔软、延展性大的银白色金属,熔点为232℃,在常温下化学性能稳定,不易氧化,不失金属光泽,抗大气腐蚀能力强。铅是一种较软的浅青白色金属,熔点为327℃,高纯度的铅耐大气腐蚀能力强,化学稳定性好,但对人体有害。锡中加入一定比例的铅和少量其他金属可制成熔点低、流动性好、对元件和导线的附着力强、机械强度高、导电性好、不易氧化、抗腐蚀性好、焊点光亮美观的焊料,一般称其为焊锡。焊锡丝通过加热熔化变成焊锡,焊锡丝的实物如图 8-4 所示。

焊锡按含锡量的多少可分为 15 种,按含锡量和杂质的化学成分可分为 S、A、B 3 个等级。手工焊接常用丝状焊锡。

8.2.2　焊剂

1. 助焊剂

助焊剂一般可分为无机助焊剂、有机助焊剂和树脂助焊剂,能溶

图 8-4　焊锡丝实物

解去除金属表面的氧化物,并在焊接加热时包围金属的表面,使之与空气隔绝,防止金属在加热时氧化;可降低熔融焊锡的表面张力,有利于焊锡湿润。

常用的助焊剂是松香或松香水,其实物如图 8-5 所示。使用助焊剂可以帮助清除金属表面的氧化物,利于焊接又可保护烙铁头。焊接较大元件或导线时也可采用焊锡膏,但它有一定腐蚀性,焊接后应及时清除残留物。

2. 阻焊剂

限制焊料只在需要的焊点上进行焊接,把不需要焊接的印制电路板的板面部分覆盖,保护面板使其在焊接时受到的热冲击小,不易起泡;同时还起到防止桥接、拉尖、短路、虚焊等情况。阻焊剂实物如图 8-6 所示。

图 8-5 松香实物

图 8-6 阻焊剂实物

使用阻焊剂时,必须根据被焊件的面积大小和表面状态适量使用。用量过小则影响焊接质量;用量过多,阻焊剂残渣将会腐蚀元件或使印制电路板绝缘性能变差。

8.3 辅助工具

为了方便焊接操作常采用尖嘴钳、偏口钳、镊子和吸锡器等作为辅助工具,应学会正确使用这些工具。尖嘴钳和偏口钳分别在 3.2.4 节和 3.2.5 节已介绍,本节主要介绍后两种辅助工具。

1. 镊子

镊子的主要用途是夹取微小器件,在焊接时夹持被焊件以防止其移动和帮助散热,其实物如图 8-7 所示。

2. 吸锡器

吸锡器是电子制作中不可或缺的工具之一,它可以轻松地清除焊接时产生的锡渣和污染物,提高焊接质量和效率,其实物如图 8-8 所示。

吸锡器的使用步骤如下。

(1) 先把吸锡器活塞向下压至卡住。

图 8-7 镊子实物　　　　　　　　图 8-8 吸锡器实物

（2）用电烙铁加热焊点至焊料熔化。
（3）移开电烙铁的同时，迅速把吸锡器嘴贴上焊点，并按动吸锡器按钮。
（4）一次吸不干净，可重复操作多次。

8.4 印制电路板焊接工艺

8.4.1 焊前准备

首先要熟悉所焊印制电路板的装配图，并按图纸配料，检查元器件型号、规格及数量是否符合图纸要求，并做好装配前元器件引线成型等准备工作。

8.4.2 焊接顺序

元器件焊接顺序依次为电阻、电容、二极管、三极管、集成电路、大功率管，其他元器件为先小后大。

8.4.3 对元器件焊接要求

1. 电阻焊接

按图纸将电阻准确装入规定位置。要求标记向上，字向一致。装完同一种规格后再装另一种规格，尽量使电阻的高低一致。焊接完成后将露在印制电路板表面的多余引脚齐根剪去。

2. 电容焊接

将电容按图纸装入规定位置，并注意极性电容其"＋"与"－"极不能接错，电容上的标记方向要易看可见。先装玻璃釉电容、有机介质电容、瓷介电容，最后装电解电容。

3. 二极管焊接

二极管焊接要注意以下 3 点：①阳极阴极的极性，不能装错；②型号标记要易看可见；③焊接立式二极管时，对最短引线焊接时间不能超过 2s。

4. 三极管焊接

注意 e、b、c 三引线位置插接正确,焊接时间尽可能短,焊接时用镊子夹住引线脚以利于散热。焊接大功率三极管时,若需加装散热片,应将接触面平整、打磨光滑后再紧固;若要求加垫绝缘薄膜时,切勿忘记加上薄膜。引脚与电路板上需连接时,要用塑料导线。

5. 集成电路焊接

首先按图纸要求,检查型号、引脚位置是否符合要求。焊接时先焊边沿的两个引脚,使其定位,然后再从左到右、自上而下逐个焊接。

对于电容、二极管、三极管露在印制电路板面上的多余引脚均需齐根剪去。

8.4.4 焊接步骤

正确的焊接方法应该是五步法,如图 8-9 所示。

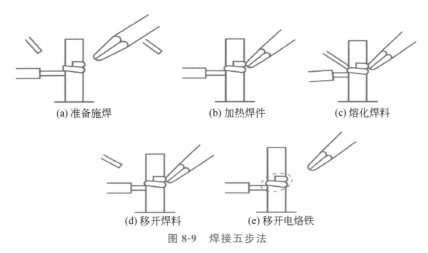

图 8-9 焊接五步法

1. 准备施焊

准备好焊锡丝和电烙铁,此时特别强调的是烙铁头要保持干净并沾上焊锡(俗称"吃锡")。

2. 加热焊件

将烙铁头接触焊接点,注意首先要保持电烙铁加热焊件各部分,例如,印制电路板上引线和焊盘都使之受热;其次要注意让烙铁头的扁平较大部分接触较大的焊件,烙铁头的侧面或边缘部分接触热容量较小的焊件,以保持焊件均匀受热。

3. 熔化焊料

当焊件加热到能熔化焊料的温度后将焊锡丝置于焊点,焊料开始熔化并润湿焊点。

4. 移开焊料

当熔化一定量焊锡后将焊锡丝移开,烙铁头停留两三秒,确保烙铁头将焊锡完全熔化。

5. 移开电烙铁

当焊锡完全润湿焊点后移开电烙铁,注意移开电烙铁时建议以大致 45°的方向移动。

上述过程对一般焊点而言需两三秒。对于热容量较小的焊点,有时用三步法概括操作方法,即将上述步骤2、3合为一步,4、5合为一步,实际上细微区分还是五步。所以五步法有普遍性,是掌握手工电烙铁焊接的基本方法,特别是各步骤之间停留的时间,对保证焊接效果至关重要,只有通过实践才能逐步掌握。

第 9 章 电子综合实训

电子实训操作规则如下。

(1) 实训操作时,思想要高度集中,操作内容必须符合教学内容,不得做任何与实训无关的事。

(2) 学生实训前应认真检查仪器、设备和元器件状况,如发现缺损或异常现象,应立刻报告指导教师处理。

(3) 实训中设备发生异常现象(如声响、发热、异味等),应立即切断电源,并报告指导教师。

(4) 实训中使用电烙铁,手要握住电烙铁的手柄,禁止触碰烙铁头,防止烫伤。不得将焊锡甩到烙铁架以外的地方。停止焊接时,电烙铁要放在烙铁架上。长时间不再焊接时,要将电烙铁断电。

(5) 实训结束,应关闭仪器电源,整理工具,清洁实训台。

9.1 电子仪器的测量和使用

1. 实验目的

(1) 了解数字示波器和函数信号发生器常用功能的设置、使用。

(2) 学会用函数信号发生器产生各种指定参数的信号。

(3) 学会利用数字示波器测量函数信号发生器产生的信号。

2. 实验仪器

(1) 低频函数信号发生器,SDG2000X,1 台。

(2) 数字双踪示波器,SDS1000X,1 台。

3. 实验内容

1) 正弦波信号输出

(1) 将函数信号发生器的"函数输出"输出端与数字示波器的 CH1(或者其他 3 个端子)信号输入端连接,两台仪器均接通 220V 交流电源。

（2）设置函数信号发生器，选择 Waveforms→Sine，产生正弦波，设置正弦波的频率为 2kHz，峰峰值为 4V，按下函数信号发生器的 Output 键，启动函数信号发生器的输出（函数信号发生器的输出通道必须和屏幕上设置的通道相对应）。

（3）按下数字示波器的 AutoSetup 键，数字示波器将自动设置垂直偏转系数、水平方向扫描时基以及触发方式。按下 CH1 键（变亮），在数字示波器屏幕上显示正弦波。

（4）按下数字示波器的 Measure 键对波形进行自动测量，按下数字示波器底部的"类型"软键，旋转多功能旋钮选择要测量的参数，可以选择峰峰值、频率、周期等，记录数字示波器的各个测量值。

2）方波信号输出

（1）设置函数信号发生器，选择 Waveforms→Square，产生方波，设置方波的频率为 30kHz，峰峰值为 5V，占空比为 30%。

（2）按下数字示波器的 Cursors 键快速开启光标，并进入光标菜单。按下"信源"软键，然后旋转多功能旋钮选择所需信源。在"类型 XY"中选择"X 参考"，即水平挡位变化，使用多功能旋钮选择两条光标线的位置。将第一条光标线放到方波周期中的第一次上升沿，第二条光标线放到方波周期中的第三次上升沿，测量二者之间的时间差，做好记录。

3）调制波信号输出

（1）设置函数信号发生器，选择 Mod 键，设置调制波形，设置载波频率为 10kHz、幅值为 5Vpp，调制深度为 80%，调制波频率为 200Hz 的 AM 波形，载波和调制波波形均为正弦波。

（2）使用数字示波器观察该波形，并记录显示数据。

4. 实验总结

（1）整理实验数据并进行分析。

（2）问题讨论：如何操作数字示波器的有关旋钮，以便从数字示波器屏幕上观察到稳定、清晰的波形？

（3）函数信号发生器有哪几种输出波形？它的输出端能否短接？如用屏蔽线作为输出引线，则屏蔽层一端应该接在哪个接线柱上？

9.2 常用元器件的识别与检测

1. 实验目的

（1）了解元器件实验箱的工作原理和主要技术性能。

（2）熟悉常用仪器的功能，掌握正确的使用方法。

（3）掌握数码管和继电器的使用方法。

2. 实验仪器

（1）函数信号发生器，SDG2122X，1 台。

（2）直流稳压电源，SPD3303X，1 个。

（3）数字双踪示波器，SDS1204X-E，1 台。

（4）台式万用表，SDM3055X-E，1 块。

(5) 元器件实验箱,YTZDM-1B,1个。

3. 实验内容

1) 测量电阻

打开元器件实验箱,在面板上选取两个电阻进行标称阻值辨识(按色环读取方法),与实际阻值(用万用表测量)进行比较,测量值填入表9-1中。

表 9-1　电阻阻值的识别与检测

序列号	电阻标注色环颜色 (按色环顺序)	标称阻值及误差 (由色环写出)	测量阻值(万用表)
1			
2			

2) 测量电容

在元器件实验箱面板上选取两个电解电容,采用万用表对其进行测量,同时对其漏电阻进行检测,填写表9-2。

表 9-2　电解电容识别及漏电阻检测

序列号	标称容值	万用表挡位	实测漏电阻
1			
2			

3) 测量二极管

在元器件实验箱面板上选取两个二极管,完成二极管极性与性能判断,填写表9-3。

表 9-3　二极管极性与性能判断

序列号	型号	正向电阻	反向电阻	质量判别(优/劣)
1				
2				

4) 测量三极管

在元器件实验箱面板上选取两个三极管,完成三极管类型与性能检测,填写表9-4。

表 9-4　三极管类型与性能检测

序列号	型号与类型 (NPN 或 PNP)	b—e 间电阻	e—b 间电阻	b—c 间电阻	c—b 间电阻
1					
2					

5) 数码管电路连接

(1) 数码管显示原理。

按发光二极管单元连接方式可将数码管分为共阳数码管和共阴数码管。共阳数码管是将所有发光二极管的阳极接到一起形成公共阳极(COM)的数码管。在应用时应将其公共极 COM 接到+5V,当某一字段发光二极管的阴极为低电平时,相应字段被点亮;当某一字段发光二极管的阴极为高电平时,相应字段不亮。共阴数码管是将所有发光二极管的阴极接到一起形成公共阴极(COM)的数码管。在应用时应将其公共极 COM 接到地线 GND 上,当某一字段发光二极管的阳极为高电平时,相应字段被点亮;当某一字段的阳极为低电平时,相应字段不亮。数码管原理图如图 9-1 所示。

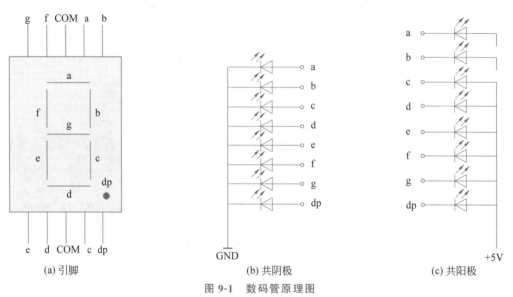

图 9-1 数码管原理图

图 9-1 中,数码管引脚的两个 COM 端连在一起,是公共端,共阴数码管要将其接地,共阳数码管将其接+5V 电源。一个八段数码管称为一位,多个数码管并列在一起可构成多位数码管,它们的段选线(即 a、b、c、d、e、f、g、dp)连在一起,而各自的公共端称为位选线。显示时,都从段选线送入字符编码,而选中哪个位选线,那个数码管便会被点亮。

(2) 数码管显示数字。

① 设置直流稳压电源,输出稳定的 5V、1.5A 的电压,采用直流电源接线将电源引出,红线接电源红色引线柱,黑线接电源黑色引线柱。

② 在元器件实验箱连线,电源黑线接数码管电路的 GND,电源红线接数码管电路 a、b、c、d、e、f、g 等接口,通过选择合适的编码,正确连接电路,在数码管上显示数字 7 和 8。

6) 继电器控制电路

(1) 继电器工作原理。

继电器相当于一个隔离开关,如可用 5V 直流电控制 220V 交流电。优点是按 5V 开关时不会与 220V 形成回路,从而保障操作者的安全。简单来说就是,第一个电路给继电器一个电平信号,于是继电器可以打开或关闭第二个电路。

如图 9-2(a)所示,继电器的一端是线圈,另一端是触点,线圈 1、2 一旦通电,触点的磁力就会使继电器另一端 3、4 闭合,从而处于工作状态。图 9-2(b)中 5 个引脚的继电器多了一组触点。如果不通电,4 脚和 5 脚就是导通的;线圈 1、2 通电后,4 脚和 5 脚就会断开,3脚和4脚导通。引脚越多的继电器说明它的触点也越多。简单来说,继电器就是一个电磁开关,只要线圈通电后产生磁性,两个触点就会导通。判断一个继电器的好坏,首先可以测量其线圈是否烧坏,用万用表测线圈两端的阻值,如果这个线圈阻值是无穷大或者阻值为0,就代表这个线圈已经烧坏。然后再测触点的两个引脚是否导通,正常情况下,如果4个引脚中有一个是常开触点,那么该触点的两个引脚之间是不会导通的,如果已经导通,就表示这个触点已经烧坏,粘连在一起。

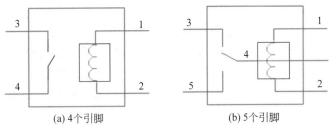

图 9-2　继电器原理图

（2）继电器电路连接。

① 设置直流稳压电源,输出稳定的12V,1.5A的电压,采用直流电源接线将电源引出,红线接电源红色引线柱,黑线接电源黑色引线柱。

② 连接继电器线圈电路。将电源红线接继电器线圈一端,线圈另一端采用连线接复位按钮,再由复位按钮接电源的黑线。

③ 连接继电器的触点电路。将电源红线(可以采用另一路电源)接入继电器接触器一端,接触器的另一端接12V的信号灯,再由信号灯接电源的黑线。

④ 控制复位按钮的启动和停止,观察信号的亮灭情况,理解继电器的工作原理。

4. 实验总结

（1）列表整理测量结果,分析产生误差的原因。

（2）总结用万用表检测电阻、电容、二极管、三极管的一般方法。

（3）分析数码管和继电器的工作原理。

9.3　电路焊接

1. 实验目的

（1）了解焊接各工具及其用法。

（2）熟悉电烙铁使用方法。

（3）熟练并快速实现焊接。

2. 实验仪器

（1）电烙铁：由4部分组成,即烙铁头、加热器、手柄及电源线。在焊接时,烙铁头常常有污物,需要随时去除污物,再进行焊接。

（2）印制电路板：硬制塑料板上印有铜制电路及元器件的插口,可将一些电子元件焊在其上。

(3) 镊子：可用来夹较小的电子元器件等。

(4) 焊锡丝：锡铅合金，熔点低，一般为250℃。焊锡丝中间填充助焊剂——松香，焊接牢固，但因含铅，所以每次使用完后需要洗手。

(5) 偏口钳：可给铜线剥皮，也可以将焊完的元器件过长的线剪掉。

3. 实验内容

1) 学习焊接技术

(1) 准备施焊：焊接前的准备包括焊接部位的清洁处理，准备好焊锡丝和电烙铁。左手轻持焊锡丝，右手稳握电烙铁（烙铁头要保持清洁，并使焊接头随时保持施焊状态）。

(2) 加热焊件：对整个焊件进行全面加热，确保印制电路板上引线和焊盘受热均匀。

(3) 熔化焊锡丝：加热焊件达到一定温度后，将焊锡丝置于焊点，焊料开始熔化并润湿焊点。

(4) 移开焊锡丝：当焊锡丝熔化一定量后，立即移开焊锡丝；电烙铁头停留两三秒，确保电烙铁头将焊锡丝完全熔化。

(5) 移开电烙铁：焊锡浸润焊盘或焊件的施焊部位后，移开电烙铁。

2) 幸运转盘实验

(1) 幸运转盘原理。

幸运转盘电路主要由脉冲产生器和一个十进制计数器电路组成，如图9-3所示。脉冲产生器由NE555及外围元件构成多谐振荡器。当按下S_1按钮时Q_1导通，NE555的3脚输出脉冲，CD4017计数器的10个输出端轮流输出高电平，驱动10个LED灯轮流发光。松开S_1按钮后，由于电容C_2的存在，Q_1并不会立即截止。随着C_2两端电压逐渐下降，Q_1的导通程度也在减弱，NE555的3脚输出脉冲的频率开始变慢，导致LED灯移动频率也随之减缓。最后，当C_2放电结束后，Q_1截止，NE555的3脚停止输出脉冲，LED灯也随之停止移动。至此，一次"开奖"过程完成。

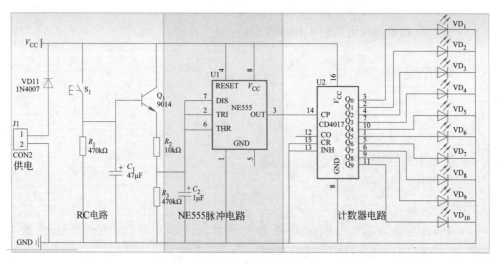

图9-3 电路原理图

(2) 幸运转盘印制电路板。

印制电路板采用 FR-4 军工级 A 料板材,其在公差控制及参数稳定性方面表现极为出色。印制电路板上直接印有元件参数,使在不参考电路图的情况下也可以轻松焊接,大大提升了操作的便捷性。此外,其采用双面布线设计,焊盘经过喷锡处理,即便经过多次焊接,焊盘也不容易脱落。与普通板材相比,它不易出现自变弯曲的现象,有效避免了因时间和环境变化导致板材弯曲的问题。印制电路板的正面和反面设计分别如图 9-4 和图 9-5 所示。

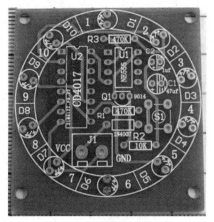

图 9-4　印制电路板正面

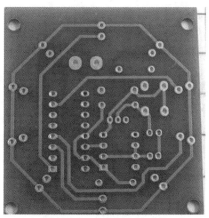

图 9-5　印制电路板反面

(3) 幸运转盘焊接。

幸运转盘的焊接步骤如下。

① 对着幸运转盘套件元件清单查看元件名称、数量有无差错,最好对每个元件进行测量,确认无误后方可焊接。

② 按照先低后高的原则焊接电阻。

③ 焊接两个集成电路芯片,注意芯片不要焊反了,要将芯片的缺口位置与印制电路板上丝印层的缺口对齐。如果芯片焊反,后续工作将无法进行。

④ 焊接电解电容、三极管,电解电容符号的阴影部分是负极;或者是长的引脚为正极,端的引脚为负极。

⑤ 焊接普通二极管和发光二极管。普通二极管黑色一侧为正极,灰色一侧为负极;发光二极管长的引脚为正极,端的引脚为负极。

⑥ 焊接三极管,将三极管的半圆形和丝印层上的半圆形对齐。

⑦ 焊接电源接线座,选择两根不同颜色的细线,分别接电源的正极和负极,用 5V 的直流稳压电源给印制电路板通电,使电路正常工作。

(4) 幸运转盘成品。

幸运转盘成品如图 9-6 所示,其可用作估号

图 9-6　幸运转盘成品

码游戏、电子骰子、抽奖机等。本套件把 10 个 LED 灯配置成一个圆圈,当按一下按钮后,每个 LED 灯顺序轮流发光,开始的时候流动速度很快,看起来所有的 LED 灯像全部一起闪烁,流动速度会越来越慢,最后停在某一个 LED 灯上不再移动。若最后发亮那个 LED 灯与玩家预测的相同,则表示"中奖"了。

4. 分析总结

(1) 分析幸运转盘基本的工作原理。
(2) 分析使流水灯旋转速度加快的方法。

9.4 共射极放大电路设计

1. 实验目的
(1) 学会放大器静态工作点的调试方法,分析静态工作点对放大器性能的影响。
(2) 掌握放大器电压放大倍数的测试方法。
(3) 熟悉常用电子仪器及模拟电路实验设备的使用。

2. 实验设备与器件
(1) 直流稳压电源。
(2) 函数信号发生器。
(3) 示波器。
(4) 三极管 3DG6(1 个)或 9013(1 个)。
(5) 电阻、电容若干。

3. 实验原理

图 9-7 为电阻分压式工作点稳定的共射极单管放大器实验电路。它的偏置电路采用 R_{b1} 和 R_{b2} 组成的分压电路,并在发射极中接电阻 R_{e1},以稳定放大器的静态工作点。当在放大器的输入端加入输入信号 u_i 后,在放大器的输出端便可得到一个与 u_i 相位相反,幅值被放大了的输出信号 u_o,从而实现电压放大。

在图 9-7 电路中,当流过偏置电阻 R_{b1} 和 R_{b2} 的电流远大于晶体管 T 的基极电流 I_B 时(一般为 5～10 倍),则其静态工作点可用式(9-1)和式(9-2)估算,即

$$U_B \approx \frac{R_{b1}}{R_{b1}+R_{b2}}V_{CC} \tag{9-1}$$

$$I_E = \frac{U_B - U_{BE}}{R_{e1}} \approx I_C, \quad U_{CE} = V_{CC} - I_C(R_{c1}+R_{e1}) \tag{9-2}$$

电压放大倍数可由式(9-3)计算,即

$$A_v = -\beta \frac{R_{c1}//R_L}{r_{BE}} \tag{9-3}$$

由于电子器件性能的分散性比较大,因此在设计和制作晶体管放大电路时,离不开测量和调试技术。在设计前应测量所用元器件的参数,为电路设计提供必要的依据。在完成设计和装配以后,还必须测量和调试放大器的静态工作点和各项性能指标。一个优质

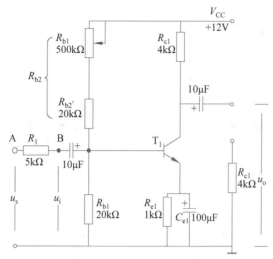

图 9-7 共射极单管放大器实验电路

的放大器,必定是理论设计与实验调整相结合的产物。因此,除了学习放大器的理论知识和设计方法外,还必须掌握必要的测量和调试技术。

放大器的测量和调试一般包括放大器静态工作点的测量与调试、放大器各项动态指标的测量等。

1) 静态工作点的测量与调试

(1) 静态工作点的测量。

测量放大器的静态工作点,应在输入信号 $u_i=0$ 的情况下进行,即将放大器输入端与地端短接,然后选用量程合适的直流毫安表和直流电压表,分别测量晶体管的集电极电流 I_C 以及各电极对地的电位 U_B、U_C 和 U_E。在一般实验中,为了避免断开集电极,所以采用测量电压 U_E 或 U_C,然后算出 I_C 的方法。例如,只要测出 U_E,即可用 $I_C \approx I_E = U_E/R_E$ 算出 I_C,也可根据 $I_C=(V_{CC}-U_C)/R_{c1}$ 由 U_C 确定 I_C,同时也能算出 $U_{BE}=U_B-U_E$,$U_{CE}=U_C-U_E$。

(2) 静态工作点的调试。

放大器静态工作点调试是指对晶体管集电极电流 I_C(或 U_{CE})的调整与测试。静态工作点是否合适,对放大器的性能和输出波形都有很大影响。如静态工作点偏高,放大器在加入交流信号以后易产生饱和失真,此时 u_o 的负半周将被削底,如图 9-8(a)所示;如静态工作点偏低则易产生截止失真,即 u_o 的正半周被缩顶(一般截止失真不如饱和失真明显),如图 9-8(b)所示。这些情况都不符合不失真放大的要求。所以,在选定工作点以后还必须进行动态调试,即在放大器的输入端加入一定的输入电压 u_i,检查输出电压 u_o 的大小和波形是否满足要求。如不满足,则应调节静态工作点的位置。

改变电路参数 V_{CC}、R_C 和 $R_B(R_{b1}、R_{b2})$ 都会引起静态工作点的变化,如图 9-9 所示。但通常多采用调节偏置电阻 R_{b2} 的方法来改变静态工作点,如减小 R_{b2},则可使静态工作点提高等。

说明:上文所述的工作点偏高或偏低不是绝对的,是相对信号的幅度,如输入信号幅

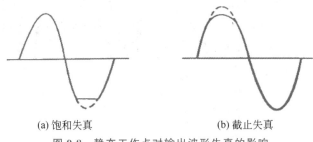

(a) 饱和失真　　　　　　　　(b) 截止失真

图 9-8　静态工作点对输出波形失真的影响

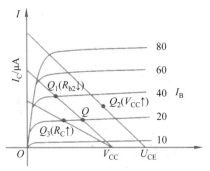

图 9-9　电路参数对静态工作点的影响

度很小,即使工作点较高或较低也不一定会出现失真。所以确切地说,产生波形失真是信号幅度与静态工作点设置配合不当所致。如需满足较大信号幅度的要求,静态工作点最好尽量靠近交流负载线的中点。

2) 放大器动态指标的测量

放大器动态指标包括电压放大倍数、最大不失真输出电压(动态范围)、输入输出电阻等。

(1) 电压放大倍数 A_v 的测量。

调整放大器到合适的静态工作点,然后加入输入电压 u_i,在输出电压 u_o 不失真的情况下,用交流毫伏表测出 u_i 和 u_o 的有效值 U_i 和 U_o,如式(9-4)所示:

$$A_v = \frac{U_o}{U_i} \tag{9-4}$$

(2) 最大不失真输出电压的测量。

如上文所述,为了得到最大动态范围,应将静态工作点调在靠近交流负载线的中点。为此在放大器正常工作情况下,逐步增大输入信号的幅度,并同时调节 R_p(改变静态工作点),用示波器观察 U_o。当输出波形同时出现削底和缩顶现象(见图 9-8)时,说明静态工作点已调在交流负载线的中点。然后反复调整输入信号,使波形输出幅度最大,且无明显失真时,用交流毫伏表测出 U_o(有效值),则动态范围等于 $2\sqrt{2}U_o$,或用示波器直接读出 U_{oPP}。

(3) 输入电阻 R_i 的测量。

测量输入电阻 R_i,可按如图 9-10 所示电路,在被测放大电路的输入端与信号源之间串联一个已知阻值的电阻 R，在放大电路正常工作的前提下，分别测出 U_s 和 U_i，而根据输入电阻的定义式可推导：

$$R_i = \frac{U_i}{I_i} = \frac{U_i}{\dfrac{U_R}{R}} = \frac{U_i}{U_s - U_i} R \tag{9-5}$$

电阻 R 的阻值不宜过大或过小，以免产生较大的测量误差，通常 R 取与 R_i 阻值为同一数量级最佳，本实验可令 R 为 $1\sim 2\mathrm{k}\Omega$。

（4）输出电阻 R_o 的测量。

测量输出电阻 R_o，可按如图 9-11 所示电路。

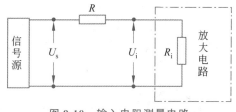

图 9-10 输入电阻测量电路

图 9-11 输出电阻测量电路

在放大电路正常工作前提下，测出输出端不接负载时的输出电压 U_o 和接上负载后的输出电压 U_L，然后根据式(9-6)可得

$$U_L = \frac{R_L}{R_o + R_L} U_o \tag{9-6}$$

即可求出：

$$R_o = \left(\frac{U_o}{U_L} - 1\right) R_L \tag{9-7}$$

在此测试过程中应注意，必须保持 R_L 接入前后输入信号的大小不变。

4．实验内容

实验电路如图 9-7 所示，各电子仪器可按图 9-7 所示方式连接。为防止干扰，各仪器的公共端必须连在一起。

1）调试静态工作点

接通直流电源前，先将 R_{p1} 调至最大，函数信号发生器多功能旋钮旋至 0。接通 $+12\mathrm{V}$ 电源、调节 R_{p1}，使 $I_C = 1.2\mathrm{mA}$（即 $U_E = 1.8\mathrm{V}$），用直流电压表测量 U_B、U_E 和 U_C，用万用表测量 R_{b2}，并填入表 9-5。

表 9-5 静态工作点记录表

测量值				计算值		
U_B/V	U_E/V	U_C/V	$R_{b2}/\mathrm{k}\Omega$	U_{BE}/V	U_{CE}/V	I_C/mA

2）电压放大倍数的测量

在放大器输入端加入频率为 $1\mathrm{kHz}$ 的正弦信号 u_s，调节函数信号发生器的多功能旋钮使放大器输入电压 $U_i \approx 20\text{mV}$;同时用示波器观察放大器输出电压 u_o 波形,用双踪示波器观察 u_o 和 u_i 的相位关系,并填入表 9-6。

表 9-6 u_o 和 u_i 波形记录表

$R_{C1}/\text{k}\Omega$	$R_L/\text{k}\Omega$	U_o/V	A_v	观察记录一组 u_o 和 u_i 波形
4.3	∞			
2.2	∞			

3) 输入电阻与输出电阻的测量

置 $R_C = 2.4\text{k}\Omega$, $R_L = 2.4\text{k}\Omega$, $I_C = 2.0\text{mA}$。输入 $f = 1\text{kHz}$ 的正弦信号,在输出电压 U_o 不失真的情况下,用交流毫伏表测出 U_s、U_i 和 U_L,并填入表 9-7。保持 U_s 不变,断开 R_L,测量输出电压 U_o,并填入表 9-7。

表 9-7 输入电阻与输出电阻记录表

U_s/mV	U_i/mV	输入电阻 $R_i/\text{k}\Omega$		U_o/V	U_L/V	输出电阻 $R_o/\text{k}\Omega$	
		测量值	计算值			测量值	计算值

5. 实验总结

(1) 列表整理测量结果,并把静态工作点、电压放大倍数、输入电阻、输出电阻的测量值与理论计算值比较(取一组数据进行比较),分析产生误差的原因。

(2) 分析讨论在调试过程中出现的问题。

9.5 集成运算电路应用

1. 实验目的

(1) 掌握方波的设计方法和调试技术,巩固所学的相关理论知识。

(2) 熟悉常用电子器件的类型和特性,并掌握模拟电路安装、测试和调试的基本技能。

2. 实验仪器与器件

(1) +12V 直流电源。

(2) 函数信号发生器。

(3) 双踪示波器。

(4) 直流电压表。

(5) 集成运算放大器 741(2个)。

(6) 万用表。

(7) 双稳压管 2DW231(1个),普通二极管 IN4007(2个)。

(8) 电阻、电容若干。

3. 实验原理及计算

1）实验基本原理

矩形波电路如图 9-12 所示，它是在滞回比较器的基础上，把输出电压经 R_5、C 反馈集成运算放大器的反相端。在运算放大器的输出端引入限流电阻 R 和两个稳压管而组成的双向限幅电路。滞回比较器的输出只有两种可能状态：高电平或低电平。滞回比较器的两种不同的输出电平使 RC 电路进行充电或放电，电容电压也随之升高或降低，而电容电压作为滞回比较器的输入电压，控制其输出端状态发生跳变，从而使 RC 电路由充电过程变为放电过程或相反。如此循环往复，周而复始，最后在滞回比较器的输出端即可得到一个高低电平周期性交替的矩形波即方波。

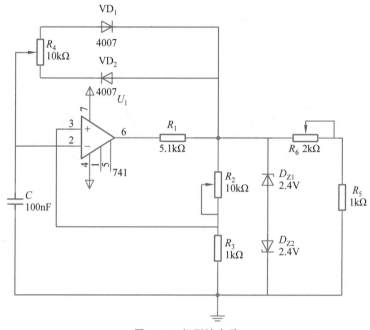

图 9-12　矩形波电路

2）波形产生原理及相关参数计算

图 9-13 画出了一个周期内输出端及电容 C 上的电压波形。T_1 是其正半周期，T_2 是负半周期，V_Z 是输出方波的电压幅值。电容上的电压按指数规律进行一定的变化，在正半周期上升，负半周期下降。

通常将矩形波为高电平的持续时间与振荡周期的比称为占空比。对称方波的占空比为 50%。如需产生占空比小于或大于 50% 的矩形波，只需适当改变电容 C 的正、反向充电时间常数即可。实现此目标的一个方案是，在图 9-12 中用二极管 VD_1、VD_2 和滑动

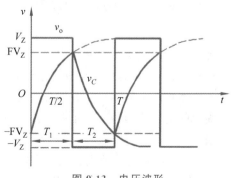

图 9-13　电压波形

电阻器 R_4 代替反馈电阻 R_4。当 u_O 为正时，VD_2 导通而 VD_1 截止，反向充电时间常数为 R_4 的下半部分和电容 C；当 u_O 为负时，VD_2 截止而 VD_1 导通，放电时间常数为 R_4 的上半部分和电容 C。改变滑动电阻器的值，就改变了占空比。设忽略了二极管的正向电阻，此时的振荡频率为

$$F_0 = \frac{1}{2R_F C_F \ln\left(1 + \frac{2R_2}{R_1}\right)} \tag{9-8}$$

4. 实验内容

(1) 按图 9-12 焊接电路。
(2) 调整电阻 R_2，在输出端得到稳定的方波。
(3) 改变负反馈电阻 R_4 的大小，观察对输出波形的影响，记录波形并进行分析。
(4) 调整电阻 R_6 的大小，观察对输出波形的影响，记录波形并进行分析。
(5) 测量振荡频率及理论值，填入表 9-8。

表 9-8 振荡频率记录表

桥路电容	F_0（理论）	f_0（测量值）	误　差	输出电压

5. 实验总结

(1) 调节 R_2 时，电路要么振荡失真，要么不振荡，难以调到不失真方波波形，分析原因。
(2) 分析讨论振荡输出波形不稳定，特别在手摸电路或动反馈线时。

9.6　电压比较器

1. 实验目的
(1) 掌握电压比较器的电路构成及特点。
(2) 学会测试电压比较器的方法。

2. 实验原理

电压比较器是集成运算放大器非线性应用电路，它将一个模拟量电压信号与一个参考电压相比较，在二者幅度相等的附近，输出电压将产生跃变，相应输出高电平或低电平。电压比较器可以组成非正弦波形变换电路，应用于模拟与数字信号转换等领域。图 9-14 为最简单的电压比较器，U_R 为参考电压，加在运算放大器的同相输入端，输入电压 u_i 加在反相输入端。

当 $u_i < U_R$ 时，运算放大器输出高电平，稳压管 D_Z 处于反向稳压状态。在这种工作状态下，输出端的电位被稳压管箝位在其稳定的反向电压 U_Z，即 $u_o = U_Z$。当 $u_i > U_R$ 时，运

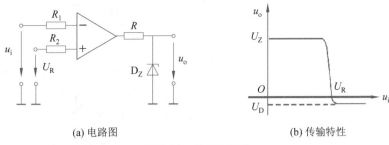

(a) 电路图　　　　　　　　(b) 传输特性

图 9-14　电压比较器

算放大器输出低电平,D_Z 正向导通,输出电压等于稳压管的正向压降 U_D,即 $u_o=-U_D$。因此,以 U_R 为界,当输入电压 u_i 变化时,输出端反映出两种状态:高电位和低电位。图 9-14(b)为图 9-14(a)所示电路电压比较器的传输特性,表示输出电压与输入电压之间关系的特性曲线。

常用的电压比较器有过零比较器、滞回比较器、双限比较器(又称窗口比较器)等。

(1) 过零比较器。图 9-15 为加限幅电路的过零比较器,D_Z 为限幅稳压管。信号从运算放大器的反相输入端输入,参考电压为 0,从同相端输入。当 $u_i>0$ 时,输出 $U_o=-(U_Z+U_D)$;当 $u_i<0$ 时,$U_o=+(U_Z+U_D)$。其电压传输特性如图 9-15(b)所示。过零比较器结构简单,灵敏度高,但抗干扰能力差。

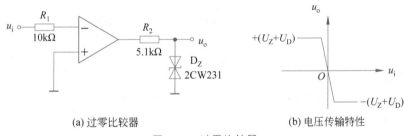

(a) 过零比较器　　　　　　　(b) 电压传输特性

图 9-15　过零比较器

(2) 滞回比较器。图 9-16(a)为具有滞回特性的过零比较器(简称滞回比较器)。过零比较器在实际工作时,如果 u_i 恰好在过零值附近,则由于零点漂移的存在,u_o 将不断由一个极限值转换到另一个极限值,这在控制系统中,对执行机构将是很不利的。为此,就需要输出特性具有滞回现象。如图 9-16(a)所示,从输出端引一个电阻分压正反馈支路到同相输入端,若 u_o 改变状态,$\sum$ 点也随着改变电位,使过零点离开原来位置。当 u_o 为正(记作 U_+)$U_\sum = \dfrac{R_2}{R_f+R_2} U_+$,则当 $u_i > U_\sum$ 后,u_o 即由正变负(记作 U_-),此时 $U_\sum$ 变为 $-U_\sum$。故只有当 u_i 下降到 $-U_\sum$ 以下,才能使 u_o 再度回升到 U_+,出现图 9-16(b)中所示的滞回传输特性。$-U_\sum$ 与 $U_\sum$ 的差别称为回差。改变 R_2 的数值可以改变回差的大小。

(3) 双限比较器。简单比较器仅能鉴别输入电压 u_i 比参考电压 U_R 高或低的情况,双限比较电路是由两个简单比较器组成的,如图 9-17 所示,它能指出 u_i 是否处于 U_R^+ 和 U_R^- 之间。如 $U_R^- < u_i < U_R^+$,双限比较器的输出电压 u_o 等于运算放大器的正饱和输出电压

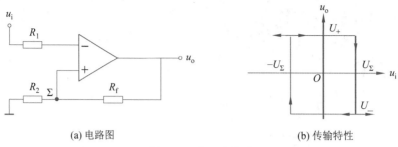

(a) 电路图　　　　　　　　　　(b) 传输特性

图 9-16　滞回比较器

（$+U_{Omax}$）；如果 $u_i < U_R^-$ 或 $u_i > U_R^+$，则输出电压 u_o 等于运算放大器的负饱和输出电压（$-U_{Omax}$）。

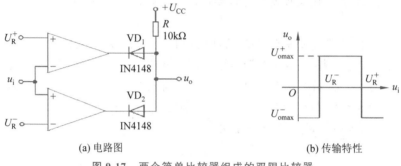

(a) 电路图　　　　　　　　　　(b) 传输特性

图 9-17　两个简单比较器组成的双限比较器

3. 实验内容

1) 过零比较器

实验电路如图 9-15(a) 所示。

(1) 接通 ±12V 电源。

(2) 测量 u_i 悬空时的 u_o 值。

(3) u_i 输入 500Hz、幅值为 2V 的正弦信号，观察 $u_i \to u_o$ 波形并记录。

(4) 改变 u_i 幅值，测量传输特性曲线。

2) 反相滞回比较器。

实验电路如图 9-18 所示。

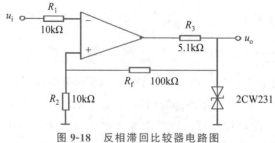

图 9-18　反相滞回比较器电路图

(1) 按图 9-18 接线，u_i 接 +5V 可调直流电源，测出 u_o 由 $+U_{Omax} \to -U_{Omax}$ 时 u_i 的临

界值。

(2) 测出 u_o。由 $-U_{omax} \to +U_{omax}$ 时 u_i 的临界值。

(3) u_i 接 500Hz，峰值为 2V 的正弦信号，观察并记录 $u_i \to u_o$ 波形。

(4) 将分压支路 100kΩ 电阻改为 200kΩ，重复上述实验，测定传输特性。

3) 同相滞回比较器

实验线路如图 9-19 所示。

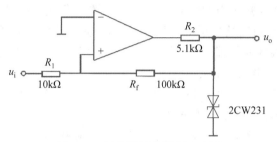

图 9-19 同相滞回比较器电路图

(1) 参照反相滞回比较器，自拟实验步骤及方法。

(2) 将结果与反相滞回比较器进行比较。

4) 双限比较器

参照图 9-17(a) 自拟实验步骤和方法测定其传输特性。

4. 实验总结

(1) 整理实验数据，绘制各类电压比较器的传输特性曲线。

(2) 总结几种电压比较器的特点，阐明它们的应用。

9.7 集成稳压器实验

9.7.1 实验目的

(1) 研究集成稳压器的特点和性能指标的测试方法。

(2) 了解集成稳压器扩展性能的方法。

9.7.2 实验设备与器件

(1) 可调工频电源。

(2) 双踪示波器。

(3) 交流毫伏表。

(4) 直流电压表。

(5) 直流毫安表。

(6) 三端稳压器 W7812、W7815、W7915。

(7) 桥堆 2W06（或 KBP306）电阻、电容若干。

9.7.3 实验原理

随着半导体工艺的发展,稳压电路也制成了集成器件。由于集成稳压器具有体积小、外接线路简单、使用方便、工作可靠和通用性等优点,因此在各种电子设备中的应用十分普遍,基本上取代了由分立元件构成的稳压电路。集成稳压器的种类很多,应根据设备对直流电源的要求来进行选择。对于大多数电子仪器、设备和电子电路来说,通常是选用串联线性集成稳压器;而在这种类型的器件中,又以三端式集成稳压器应用最为广泛。

W7800、W7900 系列三端式集成稳压器的输出电压是固定的,在使用中不能进行调整。W7800 系列三端式集成稳压器输出正极性电压,一般有 5V、6V、9V、12V、15V、18V、24V 共 7 个挡,输出电流最大可达 1.5A(加散热片)。同类型 78M 系列集成稳压器的输出电流为 0.5A,78L 系列集成稳压器的输出电流为 0.1A。若要求负极性输出电压,则可选用 W7900 系列三端式集成稳压器。

图 9-20 为 W7800 系列三端式集成稳压器的外形和接线图。它有 3 个引出端,输入端(不稳定电压输入端)标 1,输出端(稳定电压输出端)标 3,公共端标 2。除固定输出三端式集成稳压器外,尚有可调式三端式集成稳压器,后者可通过外接元件对输出电压进行调整,以适应不同的需要。

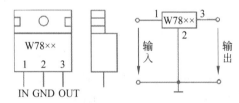

图 9-20 W7800 系列三端式集成稳压器的外形和接线图

本实验所用集成稳压器为三端固定正稳压器 W7812,它的主要参数:输出直流电压 U_O 为 +12V,输出电流 L 为 0.1A、M 为 0.5A,电压调整率为 10mV/V,输出电阻 R_O 为 0.15Ω,输入电压 U_I 的范围 15~17V。因为一般 U_I 要比 U_O 大 3~5V,才能保证集成稳压器工作在线性区。

图 9-21 是由三端式集成稳压器 W7812 构成的单电源电压输出串联型稳压电源的实验电路。其中,整流部分采用了由 4 个二极管组成的桥式整流器成品(又称桥堆),型号为 2W06(或 KBP306),滤波电容 C_1、C_2 一般选取几百到几千微法。当集成稳压器距离整流滤波电路比较远时,在输入端必须接入电容 C_3(数值为 0.33μF),以抵消线路的电感效应,防止产生自激振荡。输出端电容 C_4(0.1μF)用以滤除输出端的高频信号,改善电路的暂态响应。

图 9-22 为正、负双电压输出电路,例如,需要 $U_{O1}=+15V$,$U_{O2}=-15V$,则可选用 W7815 和 W7915 三端式集成稳压器,这时的 U_I 应为单电压输出时的 2 倍。

当集成稳压器本身的输出电压或输出电流不能满足要求时,可通过外接电路来进行性能扩展。图 9-23 是一种简单的输出电压扩展电路。如 W7812 三端式集成稳压器的 3、2 端间输出电压为 12V,因此只要适当选择 R 的值,使稳压管 D_Z 工作在稳压区,则输出电压 $U_O=12+U_Z$,可以高于集成稳压器本身的输出电压。

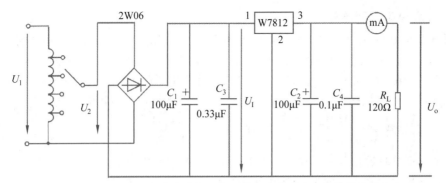

图 9-21 由 W7812 构成的单电源电压输出串联型稳压电源的实验电路

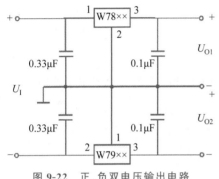

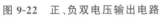

图 9-22 正、负双电压输出电路

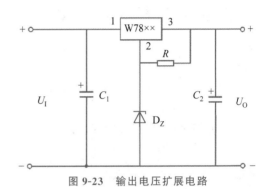

图 9-23 输出电压扩展电路

9.7.4 实验内容

1. 整流滤波电路测试

按图 9-24 连接实验电路,取可调工频电源 15V 电压作为整流滤波电路输入电压 U_2。接通工频电源,测量输出端直流电压 U_L 及纹波电压 $\widetilde{U}_L$,用示波器观察 U_2 和 U_L 的波形,把数据及波形填入自拟表格中。

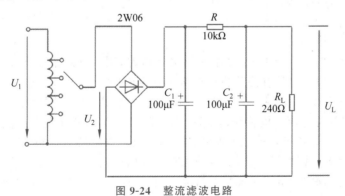

图 9-24 整流滤波电路

2. 集成稳压器性能测试

断开工频电源,按图 9-21 改接实验电路,取负载电阻 $R_L=240\Omega$。接通工频 15V 电源,测量 U_2 值,测量滤波电路输出电压 U_I(集成稳压器输入电压),集成稳压器输出电压 U_0,它们的数值应与理论值大致符合,否则说明电路出了故障。因此,必须设法查找故障并加以排除。电路经初测进入正常工作状态后,才能进行各项指标的测试。

9.7.5 实验总结

(1) 整理测量数据与波形图,重点对所测结果进行对比分析总结。
(2) 分析讨论实验中发生的现象和问题。

9.8 智力竞赛抢答装置实验

9.8.1 实验目的

(1) 学习数字电路中 D 触发器、多谐振荡器、分频电路和 CP 时钟脉冲源等单元电路的综合运用。
(2) 熟悉智力竞赛抢答器的工作原理。
(3) 了解简单数字系统实验、调试及故障排除方法。

9.8.2 实验设备与器件

(1) +5V 直流电源。
(2) 逻辑电平开关。
(3) 逻辑电平显示器。
(4) 双踪示波器。
(5) 数字频率计。
(6) 直流数字电压表。
(7) 4LS175、74LS20、74LS74、74LS00 若干。

9.8.3 实验原理

图 9-25 为供 4 个人用的智力竞赛抢答装置电路,用以判断抢答优先权。图中 F_1 为四 D 触发器 74LS175,它具有公共装置 0 端和公共 CP 端;F_2 为双 4 输入与非门 74LS20;F_3 是由 74LS00 组成的多谐振荡器;F_4 是由 74LS74 组成的四分频电路;F_3、F_4 组成抢答电路中的 CP 时钟脉冲源。抢答开始时,由主持人清除信号,按下复位开关 S,74LS175 的输出 $Q_1 \sim Q_4$ 全为 0,所有发光二极管(LED)均熄灭。当主持人宣布"抢答开始"后,首先做出判断的参赛者立即按下开关,对应的 LED 点亮,同时,通过与非门 F_2 送出信号锁住其余 3 个抢答者的电路,不再接收其他信号,直到主持人再次清除信号为止。

9.8.4 实验内容

(1) 测试各触发器及各逻辑门的逻辑功能,判断元器件的好坏。

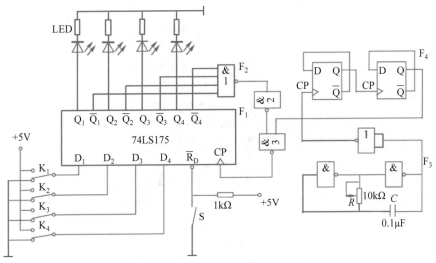

图 9-25　智力竞赛抢答装置原理图

(2) 按图 9-25 接线,抢答器为五个开关接实验装置上的逻辑开关、发光二极管接逻辑电平显示器。

(3) 断开抢答器电路中 CP 时钟脉冲源电路,单独对多谐振荡器 F_3 及分频器 F_4 进行调试,调整多谐振荡器 $10k\Omega$ 电位器,使其输出脉冲频率约 $4kHz$,观察 F_3 及 F_4 输出波形及测试其频率。

(4) 测试抢答器电路功能。接通 $+5V$ 电源,CP 端接实验装置上连续脉冲源,取重复频率约为 $1kHz$。抢答开始前,开关 K_1、K_2、K_3、K_4 均置 0,准备抢答,将开关 S 置 0,LED 全熄灭,再将 S 置 1。抢答开始,K_1、K_2、K_3、K_4、某一开关置 1,观察 LED 的亮、灭情况,然后再将其他 3 个开关中任一个置 1,观察 LED 的亮、灭是否改变。重复(1)的内容,改变 K_1、K_2、K_3、K_4 任一个开关状态,观察抢答器的工作情况。整体测试时,断开实验装置上的连续脉冲源,接入 F_3 及 F_4,再进行试验。

9.8.5　实验总结

(1) 分析智力竞赛抢答装置各部分功能及工作原理。

(2) 若在图 9-25 电路中加一个计时功能,要求计时电路显示时间精确到秒,最多限制为 2 分钟,一旦超出限制,则取消抢答权,电路如何改进?

参 考 文 献

[1] 刘美华,周惠芳,唐如龙.电工电子实训[M].北京:高等教育出版社,2014.
[2] 张福阳.电工电子实训.[M].北京:高等教育出版社,2013.
[3] 沈振乾,史风栋,杜启飞.电工电子实训教程[M].北京:清华大学出版社,2011.
[4] 秦曾煌,姜三勇.电工学简明教程[M].北京:高等教育出版社,2020.
[5] 童诗白.模拟电子技术基础[M].4版.北京:高等教育出版社,2010.
[6] 宋学瑞.电工电子实习教程[M].3版.长沙:中南大学出版社,2009.
[7] 肖顺梅.电工电子实习教程[M].南京:东南大学出版社,2010.
[8] 黄冬梅.电工电子实训教程[M].3版.北京:中国轻工业出版社,2006.